スペイン・ワイン

大滝恭子
永峰好美
山本博

早川書房

バレアレス諸島のワイン
© Oscar Pipkin / ICEX

アデガス・ガレガス社のブドウ畑　© Juan Manuel Sanz / ICEX

セニシエントス村のブドウ　© Patricia R. Soto / ICEX

リベイラ・サクラにあるボデガス・レヒーナ・ビアルム社のブドウ畑　© Luis Carré / ICEX

リアス・バイシャスの白ブドウ
© Juan Manuel Sanz / ICEX

カスティーリャ・ラ・マンチャ周辺地区のワイナリーの風景
© Celia Hernando / ICEX

ナバーラでのブドウ収穫の様子　© Jesús Caso / ICEX

ステンレスタンクの発酵槽　© Efraín Pintos / ICEX

スペイン・ワイン

目次

第1部　総論

Ⅰ　はじめに——今、なぜスペイン・ワインか？　トレンドなスペイン・ワイン　11
Ⅱ　地勢・気候　16
地勢　16
気候　18
Ⅲ　スペイン・ワインの生産状況　20
Ⅳ　スペイン・ワインの法的分類（ＥＵ法との関係）　22
Ⅴ　ワイン用ブドウ　30
原産品種　31
外国品種　40
Ⅵ　スペイン・ワインの歴史　46
過去の低迷とその事情　46
古代と中世——イスラムとレコンキスタ　47
大帝国のハプスブルク・スペイン　49

ブルボン朝スペイン　51
内戦時代　53
フランコ政権時代　55
新立憲王国時代　58
現代　60

第2部　各　論

I　スペインの各ワイン生産地とDOワイン　65
II　スペイン北部　最東地区　67
（カタルーニャ CATALUÑA）
ペネデス　Penedès　71
カバ　Cava　73
プリオラートとモンサン　Priorato & Montsant　76
タラゴナとテラ・アルタ　Tarragona & Terra Alta　79
バルセロナ以北と西方　80
III　スペイン北部　中央東部地区　83
（アラゴン ARAGÓN）
ソモンターノ　Somontano　85
カリニェナ　Cariñena　87

カラタユド　Calatayud　*88*
カンポ・デ・ボルハ　Campo de Borja　*89*

IV　スペイン北部　中央　*91*
（リオハとナバーラ RIOJA & NAVARRA）
リオハ　Rioja　*91*
ナバーラ　Navarra　*99*

V　スペイン北部　西方地区　1　*104*
（カスティーリャ・イ・レオン CASTILLA Y LEÓN）
リベラ・デル・ドゥエロ　Ribera del Duero　*108*
ルエダ　Rueda　*110*
トロ　Toro　*112*
シガレス　Cigales　*113*
ティエラ・デ・レオン　Tierra de León　*114*
アルランサ　Arlanza　*115*

VI　スペイン北部　中央北部　*116*
（バスク PAÍS VASCO／チャコリ CHACOLI, TXACOLI）

VII　スペイン北部　西方地区　2　*121*
（ガリシア州とカスティーリャ・イ・レオン西部 GALICIA & CASTILLA Y LEÓN）
リアス・バイシャス　Rías Baixas　*124*

ビエルソ　Bierzo　129
アリベス　Arribes　130
ティエラ・デル・ビノ・デ・サモラ　Tierra del Vino de Zamora　131
リベイロ　Ribeiro　132
リベイラ・サクラ　Ribeira Sacra　133
バルデオラス　Valdeorras　134
モンテレイ　Monterrei　135

Ⅷ　スペイン中央部　東沿岸部　136
（バレンシアとムルシア VALENCIA & MURCIA）
バレンシア　Valencia　136
ムルシア　Murcia　141

Ⅸ　スペイン中央部　中央　146
（カスティーリャ・ラ・マンチャ CASTILLA LA MANCHA）
ラ・マンチャ　La Mancha　150
バルデペーニャス　Valdepeñas　153
カスティーリャ・ラ・マンチャ周辺地区　Castilla-La Mancha　155

Ⅹ　スペイン中央西部　162
（エストレマドゥーラとリベラ・デル・グアディアーナ
EXTREMADURA & RIBERA DEL GUADIANA）

XI　スペイン南部（アンダルシア ANDALUCÍA） 167
マラガ Málaga 169
モンティーリャ・モリレス Montilla-Moriles 172
コンダード・デ・ウエルバ Condado de Huelva 174
ヘレス・ケレス・シェリー Jerez, Xerez, Sherry 175
〈もっと知りたい人に〉 190
XII　スペイン諸島 194
バレアレス諸島 ISLAS BALEARES 194
カナリア諸島 ISLAS CANARIS 196
XIII　ビノス・デ・パゴ Vinos de Pago 200
XIV　スペインのオーガニック・ワイン 203

第3部　付　録

1　スペイン・ワインの生産者リスト 252
2　スペイン・ワインの本 240
3　日本のワイン誌にみるスペイン・ワインの新情報 238
4　ワイン用語 GLOSSARY 236

5　知っていればバルで困らない言葉　234
6　スペイン・ワインが飲める店（東京都心・近郊）　228
7　年　表　224
8　原産地呼称保護ワイン産地ごとの栽培面積および農家数　219
9　原産地呼称保護ワイン産地ごとの生産量　216

コラム　金の網で包まれたリオハ・ワイン　98
コラム　灌　漑　160
コラム　シェークスピアのシェリー礼賛―「ヘンリー四世〈第2部〉」　191
別表1　新ワイン法による分類　209
別表2　スペイン原産地呼称マップ　210
別表3　スペインの主な地方と河川　212
別表4　スペイン17自治州と50県　213

あとがき　207

第1部

総　論

Ⅰ　はじめに——今、なぜスペイン・ワインか？　トレンドなスペイン・ワイン

このところ、スペイン・ワインの躍進ぶりはめざましい。日本の輸入ワインの第一位フランスにイタリアが迫り、チリとスペインがそれに追いつこうとしている（二〇一三年にはチリが第二位になった。バルクものを入れると第一位）。二〇〇六年までは、スペインは上位五ヶ国に入っていなかったが、現在は第四位にまで上がり、輸入量は一〇年前の四倍になった。そのうちにイタリアを抜くかもしれない。

ひと昔前までは西洋料理といえば、フランスだった。しかし、イタリア・レストランは肩がこらなくて楽しめるし、それにパスタとピザが若い人達のお気に入りになった。終戦後の時代はイタリア・ワインと言えば、カラフルな藁づと入りのキャンティときまっていたが、いろいろなイタリア・ワインを飲んでみると、なかなかおいしいじゃないかと、あっという間に普及した。本当は、イタリア・ワインを本格的に飲んでみようとすると結構難しいものなのだが、難しいことを言わなくてもすむ安いポピュラー・ワインは日本人の味覚に合うようだ。

スペイン・ワインの方は、あちこちに現われた「バル」が手軽で、安直で気軽に楽しめることから、

これも若い人達の心を捉えた。となると、ワインの方も飲んでみると、なかなかいいと気がついた。実はこれにはわけがあって、スペイン・ワインの方が変身しているのだ。この二〇年位の間にいろいろな事情が重なって、スペイン・ワインの革命的と言える進歩があり、素晴らしいワインを生む新産地が世界のスポット・ライトを浴びている。と同時に、安い大衆向きのワインの品質が著しく向上したのだ。

　昔はスペインと言えばシェリーにきまっていてもっぱらフランス料理のアペリティフにうやうやしく飲まれるだけだった。スペインにリオハという名産地が良いワインを出していたのだが、日本に入ってきていたのは麻袋に包まれたあんまりいただけないものだった。

　そのうち、スペインのロマネ・コンティと呼ばれるベガ・シシリアのワインが世界のワイン愛好家達の注目をひくようになり、それに加えてスパークリングワイン・ブームが始まるとカバが国際市場に姿を現わすようになった。味もなごやかだし、値段も安いので、これもあっという間に増えて、現在シャンパンに次ぐ第二位の輸入量になった。この現象を見て、業者が尻に火をつけられたように、いろいろなものを探して輸入するようになった。つまり生産する方と消費する方の事情が変ったのだ。

　ただ、残念ながら、スペイン・ワインの変貌ぶりが必ずしも日本に正確に伝わっていない。例えばガリシア地方のリアス・バイシャスの白ワインがすごく良くて、魚料理が多い日本人の味覚に合うはずだが、まだあまり知られていない。またリベラ・デル・ドゥエロ地方が頭角を現わし、リオハを凌《しの》ぐワインが出だしている。プリオラートという極上ワインがあることもあまり知られていない。もっとも、スペインとひと口に言っても地勢・気候、それと人柄も違う様々な地区があり、それを反映した多種多様なワインがあるのだ。ブドウとワインの関係で言うと、ブドウの栽培面積はスペインが世界一で、イタリア第二位、ところがワインの生産量になるとイタリアが第一位、二位がフランス、スペインは第三位という風に逆転する。これには理由がある。

要は、スペインと言われて日本人がすぐ思いつくイメージは、闘牛とカルメンとフラメンコだが、闘牛とフラメンコだけがスペインではないのだ。こうしたスペインとスペイン・ワインに対する誤解を解消しようというのが本書の目的である。

スペイン・ワインが急激に大飛躍を遂げたのは歴史的・社会的・経済的諸事情があったからだが、それだけではない。基本的にワインそのものが良いからである。それではスペイン・ワインがどのように良いのだろうか？　他のヨーロッパ・ワインと比べて、どういうところがワインをこの国特有のものにしているのだろうか？　スペインの農家に言わせると「おらが国のワインはソル sol のワインさ」という。つまり「太陽のワイン」なんだということになる。確かにスペインは灼熱の太陽の国である。ブドウ畑には、燦々《さんさん》と輝く太陽がその陽光を惜しげもなく注がせる。ブドウはたっぷりと陽の恵みをおのが身に取り込み、健やかに育つ。それがワインに反映しないはずがない。

だからスペインのワインは明るく、おおらかで、こせこせしたところがなく、素直でしっかりしていて、おかしなものがない。飲んでたよりがいがある。昔からワインによく使われている言葉で vinous〝ワインらしい〟という言葉がある。スペイン・ワインはワインらしいワインなのだ。人の技術で無理に背伸びさせたようなところがなく、華奢でふにゃふにゃしたところがない。勿論、最近頭角を現わしている傑出した特級ワイン、リオハの極上もの、リベラ・デル・ドゥエロ、プリオラートなどは、土地を始めとする環境の諸条件を生かして、人智の限りを尽くした技術と努力の結晶とも言えるものなのだが、そうした例外ものは別として、普通のワイン、つまり低価格のワインにその特色が現われている。つまりスペインのワインは他の国のものに比べて、安いワインやそう高くないワインが馬鹿にできないのだ。価格に比べて品質がいい。言い換えると、コストパフォーマンスがある。

もうひとつの特色は、地方によってそれぞれの個性がよく出ていることである。次章の地勢・気象のところでふれるように、ひと口にスペインと言っても様々である。この国の歴史と政治を見ればわかるように、各地方、各自治州の独立意識が強く、それをどうするかが政治上の大きな課題になっている。各地方の人達は、俺のところは他のところと違うんだという文化意識を持っているから、ワインにもそうしたことが反映する。風土の違いを誇りにして、昔からのワイン造りにこだわる面がある。最近ことにスペインが統一国家としての体制を確立してくると、統一と地方自治という矛盾したテーマが絡み合って、複雑な様相を見せている。ワインで言えば、世界的に通用するような普遍的な味覚の追求と、地方の個性を生かした特有の味覚の維持という二つの異なった路線の選択を前に現在スペイン・ワインは模索し、格闘中だと言える。癖のある、したたかなワインがあるかと思えば、世界の誰もが抵抗なく楽しめるワインを世界に輸出したいという思いで造られたワインがある。歴史的事情からカベルネ・ソーヴィニヨンを使って世界に通用するワインを造って、名声を築きあげてきたリオハがあるかと思うと、スペインの固有ブドウ、テンプラニーリョを使いカベルネ・ソーヴィニヨンやメルロを加えて傑出したワインを造ったリベラ・デル・ドゥエロがある。そうかと思うと、伝統的土着品種のガルナッチャやカリニェナに加えてカベルネ・ソーヴィニヨン、メルロ、シラーをブレンドして新しい味覚のワインを創りあげ、世界を驚かしたプリオラートがある。もともとヨーロッパ文化の吸収に開放的な体質をもつカタルーニャ地方は外国の品種や技術を使うのにためらいがない。だからスパークリングワインのカバを造り上げて世界に市場を開くのに成功したし、ミゲル・トーレス社のように世界的に飲まれるワインを指向して大成功しているワインがある。また現在、低価格帯の日常消費用ワインでも、カベルネ・ソーヴィニヨン、メルロ、シャルドネをブレンドしたものが数多く現われている。しかし、そうしたワインでも、新世界の代表的なカリフォルニア・ワインと飲み比べてみるとスペイン・ワインはどこか違ったところがある。人なつっこいとか、人間臭いワインと言えるような性格を持っている。ワインは歴史と人間によって造られたものなのだ。

本書は、もともとはスペイン・ワインの入門書として企画したものだったが、書き始めてみると結局そうはいかなくて、本格的紹介書になってしまった。スペイン・ワインを楽しみたいと思う読者は、総論部分はとばして各論から読んでいただいたらいいかもしれない。

Ⅱ　地勢・気候

地　勢

スペインはユーラシア大陸の南西端に突き出たような形態を取っているイベリア半島の約八割を占め、その面積は約五〇万平方キロメートルであり、日本の一・三倍の広さを持つ。緯度でみると、その北端は北緯四三度で、日本の札幌にあたり、南端のジブラルタル岬は北緯三六度で、なんと東京と同じである。

北側はピレネー山脈が高い壁のように、東西に水平に伸びていて、この国をヨーロッパから遮断しているようである。南端はジブラルタル海峡でアフリカと切れているが、この海峡がなければアフリカとつながっているようである。東側はまさに地中海沿岸地域であり、西側はポルトガルをはさんで大西洋に接していると言える。ガリシアだけは大西洋に直接接しているが、そのことはこの地区の気候が特別なことを意味している。

普通の地図だけをみると、イベリア半島は平坦な地勢のように誤解され易い。しかし、実際はかなり複雑な地勢である。北側ビスケー湾沿いにはピレネー山脈の続きのようなカンタブリア山脈が海岸線に迫り、海岸と並行して東西に細長く伸びている。それだけでなく北東部ではカタルーニャ地方とカスティーリャ地方を区切るようにイベリア山系が西北から南東へかけて斜めに走っている。中央部は北に長い中央山系、やや短いトレド山地、そして南は長いシエラモレナ山脈がそれぞれ東から西へとこの国を横断するように走っている。

さらにスペイン南部では、海沿いにかなり険しいシエラネバダ山脈とその続きの高地がジブラルタル岬まで続いている。

つまり、スペインには砂漠のような巨大な平坦地があると同時に、国土のかなりの部分を山脈・丘陵・高原地帯が占めているのである。もっとも日本では山と言えば緑を連想するが、スペインの山岳・丘陵地帯は赤いごつごつとした裸の山が続き、荒涼たる印象を見せる。ただスペイン北端はビスケー湾・カンタブリア海沿いが別天地のようになっていて、グリーン・スペインと呼ばれるような緑の国である。

こうした山岳地帯を縫うように、いくつかの巨大河川が流れている。北はカンタブリアに源泉があるエブロ河が西から東に流れ、地中海に注いでいる。中央やや北部には、ポルトガルのドウロ河の上流になるドゥエロ河が東から西へ流れている。中央部地中海側にはフーカル河、セグーラ河が西から東へと流れ、地中海に注いでいる。中央部西側にはポルトガルのリスボン市のところで大西洋に注ぐタホ河が、マドリッドの南のトレド市の横を通りかなり東まで伸びている。タホ河の南には、これと並行して西に流れるグアディアーナ河がポルトガルとの国境を越したあたりで流れを南に変え、地中海に注いでいる。さらに最後にというか南部では、グアダルキビル河がグラナダの北側からセビーリャをぬけて、大西洋岸まで東から西へと流れている。日本のように小さな渓流が山ひだを縫うようにあちこちで流れているのと全く趣きを異にするが、こうした河川の存在がスペインをアフリカのサハラ砂漠地方とは違ったものにしているのである。

気候

スペインは一概に南国と思われているが、そう簡単ではない。確かに南部のセビーリャを中心とするアンダルシア地方は、夏の炎天下で摂氏四五度あたりを上下する。中央高原に位置するマドリッドでは、午後二時から五時頃までは軽く四〇度を超す暑さになる。サハラ砂漠から吹き寄せる熱風が気圧配置の関係で上空に停滞するからである。マドリッド市民が、お昼は誰もが長いシエスタ（昼休み）を取るのも無理もない。ところが、この灼熱の地帯が冬になると急激に冷え込み、しかも濃密な霧に包まれる。スペインの中央部のメセタと呼ばれる台地部、ことにラ・マンチャは乾燥地帯である。年間降水量がブドウ栽培に必要な五〇〇ミリを切るところが多い。ところが、北西部のガリシア地方になると冬の三ヶ月の間、雨が降り続き降水量は年間二〇〇〇ミリを超すくらいである。

一般的に言えば、スペインのブドウ栽培地は北緯四〇度台前半に位置し、旧カスティーリャ地方（カスティーリャ・イ・レオン及びカスティーリャ・ラ・マンチャ）を始め、標高が高い。そのため夏は非常に暑く、日照りは過酷で、ブドウの木に生長障害が起きて果房の成熟は中断される（これがストレスとしてプラスになる面もある）。だが初秋が訪れると気温が低下する前にブドウは急いで糖分とアロマを蓄積しようとする。ただ、南部・東部および北部地方の一部では夏の旱魃の方が問題である。そのため、フランスと違って、二〇〇三年以降一部では灌漑が認められるようになったが、これには資金が必要になる。しかしそれが可能になったところでは、生産量とワインの質が劇的に変るようになった。

ただ、前述した地勢でわかるように、同じスペインと言っても台地《メセタ》の中央部を除くと、各地方の地勢は山脈《シエラ》を含んで気候は様々であって、それが多種多様、多彩なワインを生むようになっているのである。

Ⅲ　スペイン・ワインの生産状況

スペインのブドウ総栽培面積は世界第一で約一〇二万ヘクタール、原産地呼称ワインの栽培面積はそのうちの半分以上の約五八万ヘクタールに上る。一九八三年、当時スペインの総栽培面積は一六〇万ヘクタールを超していた（全体の総面積はＥＵの減反政策を受けて減少した）。そのうち原産地呼称ワインは約三〇％だけで（現在は約六〇％）、ＤＯは二九だけだった。

生産量でみると、二〇一三年は五二〇〇万ヘクトリットルでこちらも世界一になった（今まで生産量はフランスとイタリアに次ぐ第三位だったが、この年は悪天候のため、フランス、イタリアが減少した）。このデータは二〇一四年のスペイン農業食糧環境省の統計によるものだが、二〇一四年にＯＩＶ（国際ブドウ・ワイン機構）の出した資料によるとスペインの二〇一三年（見込み）のブドウ栽培総面積（醸造用・生食・干しブドウ・未生産畑を含む）は合計一〇二万三〇〇〇ヘクタール、生産量は五二五〇万ヘクトリットルになっている（栽培面積に比べて生産量が少ないのは、灌漑が規制されていることや、樹齢の高いブドウ樹が多いこと、樹間間隔が広いことなどが理由である）。販売量でみると赤が全体の約五五％、白が約一七％、スパークリングワインが約一五％、ロゼが約五％、シェリーなどの酒精強化ワインが五％になる。輸出が五四％、国内販売は四六％。国内販売量のトップはリオハ（二八％）で、二位のカバ（九・八％）を大きく引きはなしているが、輸出になると、カバが二二・九％、リオハが一九・六％で逆転する。輸出先はイギリス、ドイツ、アメリカが主で、日本はEU圏外の中でアメリカ、スイスに次ぐ。日本で輸入されているのはカバ、バルデペーニャス、バレンシアの順でリオハは少ない（価格帯の関係だろう）。

ＤＯＰ（保護原産地呼称）の数は、現在ＶＰビノス・デ・パゴ（単一ブドウ畑限定高級ワイン）が一四、ＤＯＣaデノミナシオン・デ・オリヘン・カリフィカーダ（特選原産地呼称ワイン）が二、ＤＯデノミナシオン・デ・オリヘン（原産地呼称ワイン）が六七、ＶＣビノ・デ・カリダ・コン・インディカシオン・ヘオグラフィカ（地域名称付き高級ワイン）が七、合計九〇ある。最新のものは、カナリア諸島自治州を原産地とするラス・イスラス・カナリアスのＤＯである。

Ⅳ　スペイン・ワインの法的分類（ＥＵ法との関係）

（1）地理的区分

ワインは生まれる地方の風土や使うブドウの品種、栽培や醸造法などの違いによって多種多様のものになる。これを見分けるには、なにかの「基準」つまり物差しのようなものが必要になる。

フランスでは、一八五五年にボルドーのメドック地区の著名シャトーの五〇ほどを選んで第一級から五級までに等級づけるという有名な「格付け」制度を作っていた。

しかし、どこでもそれと同じような制度を作るわけにはいかなかった。ワインの性格とか品質は、どうしてもその産地によって違ってくるから、ヨーロッパのワイン生産国は、その生まれた「産地名」（地方、地区、村、畑など）でワインを分類するのが伝統になっていた。ところが有名な産地のワインは高く売れるが、有名でないところは高く売れない。そのため無名の産地のワインに有名な産地名をつけるという誤魔化しが横行した。そうした不正を防ごうという目的から、二〇世紀に入っていろいろな方法が考えられ、その結果、フランスで有名な「原産地名統制呼称制度」（Appellation d'Origine Contrôlée　略してＡＯＣ又はＡＣ）が作られた。各ワイン生産地の中で一定の地区を定め、そこから生まれるワインが法律の定める条件をクリアーした場合に、特定の名称（主として伝統的な）を名乗ることを認めるという制度である。この制度は、いろいろと整備されて模範的といえるものになったので、世界のワイン生産国が見習うようになった。このフランスのＡＣ制度を導入したのが、イタリアとスペインなのである（アメリカはそうした伝統がなかったから、使用したブドウ名を表示してワイン識別に使うという「ブドウ品種名表示制度」ヴァラエタル・システムを採用している）。

二〇世紀後半に入って、ＥＵがヨーロッパの経済・産業を規制するようになるとワイン法も作った。これも何回か修正されたが、現在は大きく言ってワインを『地理的表示』のつくものと、つかないものとの二種に分け、その上でそれぞれに応じた規制を設けるという方法をとっている。そのため、ＥＵ加盟諸国は、法の枠内で自分の国でのワイン法を修正した。スペインでは一九二六年に、原産地名保護のためリオハで統制委員会が設置され、最初の産地指定制度が始まった。続いてヘレス（シェリー）、マラガなどが指定された。一九七〇年代初めに「ブドウ畑、ワインおよびアルコールに関する法令」が施行された。同法に基づいて原産地呼称庁（ＩＮＤＯ）が設立され、原産地呼称（Denominación de Origen　略してＤＯ）を名乗るために必要な条件が定められた。同庁管理の下に定められた規制を管理、運営する原産地呼称統制委員会（Consejo Regulador）が各原産地に設置された。委員会はそれぞれの原産地に対してブドウ栽培面積、地域の境界限定、栽培ブドウ品種、植樹密度、最大収穫量、灌漑の規制などを定めるほか、ワインについては収量、醸造法、使用品種、アルコール度数、総亜硫酸量、揮発酸度、官能試飲検査などを定めている。

二〇〇三年になって新しいワイン法が制定された。さらに二〇〇九年八月一日からＥＵワイン法の改正に伴って新たな呼称が開始された。従来の「指定地域高級ワインＶＣＰＲＤ」の呼称が廃止され、大きな二つの新呼称デノミナシオン・デ・オリヘン・プロテヒーダ「保護原産地呼称、Denominación de Origen Protegida 略してＤＯＰ」およびインディカシオン・ヘオグラフィカ・プロテヒーダ「保護地理的表示、Indicación Geográfica Protegida 略してＩＧＰ」がそれに代ることになった。

現在、原産地呼称法によると、次のカテゴリーがある（別表1参照）。

Ⅰ．Ｖｉｎｏ　ビノ

原産地呼称保護も地理的表示保護も名乗れないワインすべての総称。

Ⅱ．ＩＧＰ　地理的表示保護ワイン

・Vino de la Tierra　ビノ・デ・ラ・ティエラ

ＶＰや、ＤＯ、ＶＣの認定産地以外で産出されたブドウを使用し、その産地なりの特性をもつワイン。フランスのヴァン・ド・ペイにあたる。ラベルの表記はビノ・デ・ラ・ティエラのあとに町・県・地方名がつく。また瓶の裏に監督機関の定めたロゴマークと生産ナンバーが入った認定シールを貼る。現在四一のビノ・デ・ラ・ティエラが認定されている。

Ⅲ．ＤＯＰ　原産地呼称保護ワイン

a　ＶＣ　Vino de Calidad con Indicación Geográfica　ビノ・デ・カリダ・コン・インディカシオン・ヘオグラフィカ

地域名付き上級ワインの意味。二〇〇三年に新設されたカテゴリー。ある特定の地域、地区、村落などで収穫されたブドウを原料として醸造・熟成されたワインで、その地の地域性が表現されているもの。現在のビノ・デ・ラ・ティエラの多くが将来このカテゴリーに昇格する予定である。このカテゴリーで五年以上実績を積んだ生産地はDOワインへの昇級を申請できる。

b DO Denominación de Origen デノミナシオン・デ・オリヘン

原産地呼称統制委員会が設置された地域において、地域内で栽培された認可品種を原料とし、厳しい基準に基づいて生産されたワイン。二〇一四年現在六七が認定されている。スペインの上級ワインの中核的なカテゴリー。ラベルには原産地名とDenominación de Origenの表示をする（カバとシェリーだけ例外）。DOに認定されてから一〇年後に次のDOCaに昇格申請ができる。

c DOCa Denominación de Origen Calificada デノミナシオン・デ・オリヘン・カリフィカーダ

特選原産地呼称ワイン。DOワインの中から厳しい基準で昇格が認められた高品質ワイン。一九八八年に制定されたカテゴリーで、一九九一年にリオハが、二〇〇九年にプリオラートが認められた。

d VP Vinos de Pago ビノス・デ・パゴ

単一ブドウ畑限定ワイン。地域にかぎらず独自の特徴をもつテロワールなどがある限定された単一畑（区画制）から収穫されたブドウからのみ造られるワイン。二〇〇三年に新設されたカテゴリー。畑はDOやDOCaに認定された地区にかぎらない。この認定は所属する州政府と自治体が行なうが、品質はDOCaの基準に準じなくてはならない。

このように書き並べると覚えるのが面倒のようだが、要は輸出するようなワインはＤＯが中心なのである。だからこれをしっかり知ればよい。参考のために区分地図をつけておこう（別表2）。現在ＤＯに指定された地区が六七あるから、この地区名を知ることがスペイン・ワイン入門の手がかりになる。ＩＧＰ及びＶＰと表示されたものは水準以上のレベルのものになるが、ＤＯＣａに指定されたのは、現在リオハとプリオラートの二つだけである。ＶＣは出所・素性不明のただの日常用ワイン（多くはブレンドもの）と違って、ＤＯ以外の指定地域で産出される地方ワイン（フランスのヴァン・ド・ペイ）で一定の個性をもっている。このＤＯ制度はあくまで品質規制上の一般的目安にすぎない。ワインの「おいしさ」まで決めたものでない。

例外のない原則はないとの譬えがあるように、ＤＯ以下の日常ワイン、ことにＶＣの中においしいものが沢山ある。それを探すのがワインの楽しみである。

(2) 熟成格付け

以上のような世界的レベルの地理的区分とは別に、スペイン・ワインは短期の小樽熟成と長期間の瓶熟成をして飲み頃になった時に出荷する伝統がある。そうした関係でスペイン・ワインには熟成期間の違いをわかるようにするため、次のような表示方法を定め、瓶に表示するようになっている（但し、カバのようなスパークリングワインは別に定めがある）。

a　グラン・レセルバ　Gran Reserva　赤は六〇ヶ月以上（そのうち一八ヶ月以上は樽熟成。白とロゼは四八ヶ月以上、そのうち六ヶ月以上は樽熟成）。

b　レセルバ　Reserva　赤は三六ヶ月以上（そのうち一二ヶ月以上が樽熟成）。白とロゼは二四ヶ月以上（そのうち六ヶ月以上は樽熟成）。

c　クリアンサ　Crianza　赤は二四ヶ月以上（そのうち六ヶ月以上は樽熟成）。白とロゼは一八ヶ月以上（そのうち六ヶ月以上は樽熟成）。

なお一部の産地では、ビエホ（Viejo 三六ヶ月以上）、アニェホ（Añejo 二四ヶ月以上）、ノーブレ（Noble 一八ヶ月以上）を使用する場合があり、これもワイン法で規定されている。

もっとも上質ワインの場合、熟成期間は一般に長い方が質が向上すると考えられてきたが、最近はフレッシュ・アンド・フルーティワインが流行になってきた関係上、熟成期間は短くなってきている。また、熟成をほとんど行なわない早飲みワインは「ホーベン」Joven と呼ばれているが、上質ワインの中にもこうしたものがある。

(3)　地域呼称一般について

ＤＯ制度はあくまでも、ワインの一般的品質基準をはっきりさせるためのものである。ある瓶に詰められたワインを知るためにはＤＯとは別に知っておいたらいい二つの「地域的名称」というものがある。

ひとつは「地方名」である。これは歴史的・伝統的に生まれてきた広地域名称で、ワインだけでなく、スペインの歴史を含め、スペイン全体を知るために不可欠の知識である（別表2、３）。

スペインの中でも北東部地中海沿岸のバルセロナを中心とした地方は「カタルーニャ」と呼ばれ、

歴史的にも一番発達し、独特の文化圏になっている。そのため王朝のおかれた中央のマドリッドに対する反感が強い。その西の「アラゴン」と「ナバーラ」はもともと王国を形成していた関係で他の地方とは一線を画した存在になっていて、両地区の人々は、自分の地区に誇りを持っている。また北端東部の「バスク」はフランスと隣接しているが、歴史的にも特殊な地位を持つ（ことにバスク語は特有のもので、言語学上もミステリアスとされている）。独立感情が強く、そのためのテロはアイルランドと並んでヨーロッパ史を騒がせていた。北部西端の「ガリシア」も、有名な巡礼の拠点になっていたサンティアゴ・デ・コンポステラもあり、スペイン一般とは切り離されてきたような伝統がある。北端海岸沿いの「アストゥリアス」と並んで気象が内陸部と全く異なり、ことにガリシアは多雨の地帯である。

スペイン中央部は、イスラム教徒を追放するレコンキスタ運動以来、スペインが独立国になってからも政治の中心になったカスティーリャ諸王の支配圏だったから、カスティーリャと呼ばれていた。一九七〇年代まではバリャドリッドを中心とする北部の「旧カスティーリャ」と、マドリッド及びトレドを中心とする「新カスティーリャ」とに二分されている。新カスティーリャの南部はドン・キホーテ活躍の場である「ラ・マンチャ」地方になる。スペイン西部ポルトガルに接する地方が「エストレマドゥーラ」で、これはドゥエロ河のはずれという名前が示すように、長く産業と独自の文化が発達しない過疎地になっていた。

地中海沿岸地帯は、長い間中央部とは全く無縁で、むしろ、イタリア、イギリスと密接な関係を持っていた。この東部地方はレバンテとも呼ばれていたが、そのうちの北部は「バレンシア」で、南部が「ムルシア」である。スペイン南部は「アンダルシア」地方になるが、ここがレコンキスタの最後の頃までイスラムの支配下にあり、ことにグラナダが長く繁栄した都市だった。そうした関係でアンダルシアはスペインの中でも他の地方と違ってイスラム文化の影響が今でも残っている地方である。

もうひとつは「行政区分名」である。一九七九年から八三年にかけて自治憲章が制定され、一七の「自治州」が設けられた。この自治州は昔からの地方名が重なっているところもあれば、細区分されたところもある。例えばカタルーニャ地方は「バルセロナ」、「ヒローナ」（カタルーニャ語では「ジローナ」Girona）、「レリダ」（カタルーニャ語では「リェイダ」Lleida）、「タラゴナ」に区分された。またマドリッド市は独立の「マドリッド」自治州になった。この州区分は覚える必要のある人とない人とがあるだろうが、前述のDOを調べるときなど役に立つことがあるから、別表4をつけておこう。

V　ワイン用ブドウ

スペインは昔から各地方ごとに多種多様のブドウが栽培され、各地方ごとに土着品種を使った多様のワインが飲まれていた。一九世紀後半、ブドウの害虫フィロキセラに襲われて、ボルドーのワイン産業が壊滅の危機に瀕した時、この地の多くのワイン業者がリオハに来てブドウを栽培し、それをボルドーに送ってボルドーワインの原料に使いだした。スペインのワインが世界的に認知されるようになったのは、この時代からである。そのため、上級ワインにはカベルネ・ソーヴィニヨンのようなボルドー品種を使うのが主流になった。EU諸国に輸出するには、その方がやりよかった。

しかし、いつまでもボルドーの後塵を拝することでなく、土着品種を使って優れたワインを造ろうとする動きが起き、まずテンプラニーリョを使ったワインが大成功した。これに励まされ、ことにEU諸国間及び新興ワイン生産国とのワインの競争が激しくなるにつれ、スペイン固有の品種を使ってスペイン・ワインのアイデンティティを確立しなければならないと考える風潮が生じた。その中で、固有品種の見直しとワイン造りの研究が行なわれるニュー・ウェーブ現象が生じた。そうしたことから、現在スペイン・ワインは外国＝世界的品種の使用と、伝統的固有品種のワインが混在している状況である。そのためスペインのワイン用ブドウの紹介としては固有品種を明記すると同時に外国品種も「外国種」として記載しておく。

現在、農業食糧環境省のブドウ品種カタログにはワイン用として、一四六品種が収録されているが、重要なものはその三分の一くらいである。その中でワインのラベルに記載されるような品種を選んで紹介する。

原産品種

〈白〉

アイレン　Airén（Lairén ライレン）

ラ・マンチャの主要品種。世界で最も栽培面積の広い品種になっているが、スペイン国内でも総栽培面積の三分の一を占める。旱魃に例外的抵抗力をもつ。ワイン用だけでなく、ブランディの原料でもある。黒のセンシベル（テンプラニーリョ）とのブレンドで軽い赤ワインを生む（早飲み用の辛口）。フランスのユニ・ブラン Ugni Blanc に相当する。

アルバリン・ブランコ　Albarín Blanco（別名ラポソ、ブランコ・ベルディン）

アストゥリアス地方を起源とする、絶滅危惧品種。マスカットのような味わい。

アルバリーニョ　Albariño

現代スペインの白ワインの代表的存在のガリシア地方の最高品種。DOリアス・バイシャスのワインの九〇％がこの品種を使用。黄緑色をしたこのブドウから造ったワインは緑がかった黄色、桃の花のような香りは高く、酸味が豊かで、ボディがしっかりしていて、味わいの複雑さは他のブドウが及ばない。リアス・バイシャスでは湿った地面から離すため、ペルゴラという棚式栽培。

アルビーリョ　Albillo（別名パルディーナ）

ガリシア、カスティーリャ・イ・レオンが主栽培地。

カイーニョ　Caíño

ガリシアの希少品種。

ドニャ・ブランカ　Doña Blanca（別名モサ・フレスカ、バレンシアーナ）

ガリシアが主産地。

ガルナッチャ・ブランカ　Garnacha Blanca

ナバーラからカタルーニャなどスペイン北部と南フランスで栽培されている（フランスではガルナッチャはグルナッシュと呼ばれる）。

ゴデーリョ　Godello

シル川原産、ビエルソとバルデオラスが主産地。香り高く、複雑な味わいのワインになる。

オンダリビ・スリ　Hondarribi Zuri

バスクのチャコリの主要品種。

ロウレイラ　Loureira

ガリシア原産。主として風味を添えるブレンド用。

マカベオ　Macabeo（ビウラ Viura）

カタルーニャ地方では、パレリャーダとチャレッロと共にカバの三大原料になっている。北スペインで最も人気のある白品種で、若飲み用ワインにも長期熟成ワインにも使えるので、フランスのラングドックでも広く使われている（ブールブーランやグルナッシュ・ブランとブレンドする甘口ワイン用）。樹勢が強く発芽が遅い。暑く乾燥した夏に耐え、秋が乾燥していると収量が多い。早飲み用に造られたワインはフレッシュで軽快。花のような香りと、強めの酸。最近は小樽で発酵と熟成を行なった上級ものが出ている。リオハではビウラと呼んでいる。

マルバシア・デ・シッチェス　Malvasía de Sitges

ペネデスの伝統品種。ベト病に弱い。

モスカテル　Moscatel

有名なエジプト原産のマスカット・オブ・アレキサンドリアのスペイン名。マラガ、アンダルシアで使用。

パロミノ　Palomino

シェリーの主要原料となっている品種。スペイン全土に栽培が広がっているが、真価を発揮するのはアンダルシア地方のシェリーの産地のへレス。この地区の石灰質を多く含んだアルバリサという土壌で育てられるとシェリー特有の風味を生む。

パレリャーダ　Parellada

タラゴナ県原産で、カタルーニャ地方で主に栽培されている高級品種。カバの主要原料。ワインは花のような香り、十分な酸度を持ち、カバに優雅さや柔らかみを添える。標高三〇〇～六〇〇メートルの畑で育てると良い結果を生む。この品種だけで白ワインを造るようになってきたが、少し甘味を感じさせるボディのしっかりしたワインになる。

ペドロ・ヒメネス　Pedro Ximénez

アンダルシアのコルドバやマラガ地方で、ＤＯマラガやＤＯモンティーリャ・モリレスの甘口ワインの原料になっている。シェリーでは、ブレンドに使われることが多いが、この単独名のワインで出すこともある。もともと糖度が高くなる性質だが、それをさらに天日に干して糖分を凝縮させるから、シェリーのペドロ・ヒメネスは極甘口になる。

スビラト・パレント　Subirat Parent

ペネデス主産地、リオハではマルバシア。

トレイシャドゥーラ　Treixadura

ガリシアとポルトガル北部で栽培。リベイロが主産地。

ベルデホ　Verdejo

アルバリーニョと並ぶ白の最高級種。原産はスペイン中央メセタ北西部。カスティーリャ・イ・レオン地区のDOルエダで、その最上のものが見られる。古くから注目されていた品種だが、一九七〇年代にこのブドウの特色を生かした醸造法が開発され、ワインの品質が飛躍的に向上、辛口白ワイン用としてスターの座に昇った。フレッシュで芳香に富み、爽やかでありながら芳醇、深いコクと適度の酸味を持つ繊細なワインとしてルエダの名声を高めた。

チャレッロ　Xarel-lo

カタルーニャ地方原産、カバの三大主要品種のひとつ。ブドウは金色を帯びる黄色、果房が小さめで、果皮が厚いのが特徴。とてもよく完熟する。この品種だけで白ワインを造ると、しっかりしたボディのワインで、かすかに酸味を帯びることがあり、マカベオとパレリャーダとブレンドすると非常によい結果になる。

〈赤〉

ボバル　Bobal

バレンシアのウティエル・レケーナ中心。密粒房。一時引き抜かれたが、最近再評価。

カリェット　Callet

バレアレス諸島のマヨルカ島のみ。

カリニェナ　Cariñena（カリニャン　Carignan）

アラゴン州原産、別名マスエロ。現在はスペインよりフランスでの栽培が盛んになっているため、カリニャンの名前の方が通っている。量的には非常に重要だが、質の方は失望ものだった。ところが一九八〇年代以降、この在来品種の見直しが行なわれるようになった。もともと色調は濃く、高い酸度と豊かなタンニンが特徴だった。これを生かし、凝縮感があり、複雑でスパイシーなワインが生まれるようになった。苛酷な土地を逆手にとって挑戦したわけで、その代表が今日のプリオラート、モンサン。ガルナッチャなどとの巧みなブレンドと熟成によって、高級ワインのニューフェイスを生んだのである。

センシベル　Cencibel

テンプラニーリョの別名。スペイン中央及び南部では、この名前で呼ばれる。

フォゴノー　Fogoneau

マヨルカ島産。ガメイと共通点あり。

ガルナッチャ　Garnacha、ガルナッチャ・ティンタ　Garnacha Tinta

アラゴン地方原産種だが、現在は南仏やオーストラリアで広く栽培され、「グルナッシュ」Grenacheと呼ばれているから、この名前の方が広く知られている。現在、世界で二番目に栽培面積が広い。土壌を選ばず、旱魃や強い日射し、強風にも耐え、病気に強く、糖度の高い房を大量につけるなどの利点があるのが拡がった理由。かつては量産用の低品質として低く評価されていたが、最近は研究が進み、スペインだけでなくフランスでも高級ワインを生むようになっている。

ガルナッチャ・ティントレラ　Garnacha Tintorera（アリカンテ・ブーシェの別名）

グラシアーノ　Graciano（スペイン原産だがフランスではモラステルと呼ばれている）

リオハ、ナバーラで栽培。生育遅し、最近見直し。

オンダリビ・ベルツァ　Hondarribi Beltza

バスクのチャコリに使われる品種。

ファン・ガルシア　Juan García

カスティーリャ・イ・レオン州で栽培。野生味。

マント・ネグロ　Manto Negro

バレアレス諸島、ＤＯビニサレムの主要品種。

マスエロ　Mazuelo

カリニェナ（フランスのカリニャン）のリオハでの呼称。

メンシア　Mencía

北西スペインで広く使われている赤品種。中世にヨーロッパ北部からサンティアゴ・デ・コンポステラに行く巡礼者がもたらしたものと伝えられているが、ＤＮＡ解析によっても、まだそのルーツは解明されていない（二つの異なる品種に、この名前が使われている上、カベルネ・フラン系のブドウにも、この名が混用されている）。テンプラニーリョに比べて、酸やタンニンは少ないため、色が薄くて軽い早飲み用のワインで飲まれていた。DOビエルソが新鮮さを失わない凝縮した風味をもつワインを造りあげて一躍注目されるようになった。

メレンサオ　Merenzao

ポルトガルのバスタルド。プティ・ヴェルドの交配種かもしれないと言われている。希少種。

モナストレル　Monastrell

バレンシア州が原産だが、現在フランスを始め世界中で栽培されているので、「ムールヴェードル」Mourvèdre の名前の方がよく知られている（新世界ではしばしばマタロと呼ばれている）。スペインではガルナッチャに次いで知られている黒ブドウ品種で、地中海沿岸のバレンシア、ムルシア、カタルーニャ州で広く栽培され、リオハやアラゴン州でも一部栽培されている。土壌を選ばず、旱魃に強い特質を持つが、反面豊富な日射量を必要とする。ワインは深いルビー色で果実味にあふれる。軽やかなものからミディアム・タイプのものまで、いろいろのスタイルのワインを生んでいるが、一部では良質な熟成タイプのものも出ている。

プリエト・ピクード　Prieto Picudo

カスティーリャ・イ・レオン州が主要産地。最近再評価。

スモイ　Sumoll

長くDOワイン用として認められなかったペネデスの品種。

テンプラニーリョ　Tempranillo

スペインの代表的ブドウだが、この変った名前の意味は「早熟」。もともとリオハ、ナバーラ地方の原産種だが、現在はスペイン各地で広く使われ、スペインの黒ブドウ品種の中で最大の栽培面積。スペインの高級赤ワインのほとんどに使われている。樹勢は強く、名前の通り成熟が早い（ガルナッチャより二週間早い）。大西洋気候の影響を受け、高地の厳しい気候の中でもよく育つ。果皮が厚く、深く濃い色調の長命なワインが造れる。冷涼な土地で栽培されると、しばしば酸味豊かな果汁になるが、これが長命には役立っている。このブドウから造ったワインは、スペインにしてはアルコール度が高くない。また、ガルナッチャ、マスエロ（カリニャン）、ビウラ（マカベオ）とブレンドされることが多い。いわばスペインにおけるカベルネ・ソーヴィニヨン的存在だが、地方によって別名で呼ばれることも多い（ペネデスではウル・デ・リェブレ、バルデペーニャスではセンシベルなど）。

トレパット　Trepat

カバのロゼに使用。野性的でベリー風味。

外国品種

〈白〉

シャルドネ　Chardonnay

フランス・ブルゴーニュ地方の高級品。各国各地方での栽培適応性があり、良質なワインを製造できる順応力があるため、今は世界での人気品種になっている。このブドウから造った辛口白ワインは酒肉が豊かで、酸がしっかりしていて、風味に強烈なくせを持たないニュートラル的性格がある。それと長期熟成に向く酒質をそなえている。そのため樽発酵と樽熟成、マロラクティック発酵、バトナージュなどの醸造法を駆使すると、色は黄金色、多彩な香り、豊かで魅力的な風味を身にそなえる。シャンパンを始めとするスパークリングワインにも使われる。この品種はスペインではまずペネデスで栽培されて成功、カバの一部に使うところも出てきた。リオハの白にも使われるようになり、ナバーラとビノス・デ・マドリッドが多く使いだした。そのほかプラ・デ・バジェス、カラタユドなどでも一部で使っている。

ソーヴィニヨン・ブラン　Sauvignon Blanc

もともとボルドーで、セミヨンと組み合わせて使われていたが、ロワール上流のサンセールでこの品種を使った辛口白ワインが大ヒットした。現在世界でシャルドネに次ぐ人気品種になっている。ワインはフレッシュ・アンド・フルーティそのもので、特有の青草のような香りを帯び、酸味はしっかりしていて、爽やかな辛口の見本になる。スペインの白の産地ルエダはこのブドウを使ってニュースタイルのワインを創りだしている。リオハの白にも使われているが、最近ナバーラが少し使っている。ビノス・デ・マドリッドもこのブドウに関心を持ち始めた。

セミヨン　Sémillon

ボルドーの伝統的高級種。一般にソーヴィニヨン・ブランを従として組み合わせて使う。小粒で皮が薄い関係で貴腐がつきやすく、甘口および極甘口（ソーテルヌが代表的）の優れたワインが仕立てられる。辛口にするとやや重い酒質になるが、長期保存の熟成力を持つ。現在オーストラリア、南アフリカなどで広く栽培されているが、不思議なことにスペインではあまり見かけない。

ヴィオニエ　Viognier

フランス、コート・デュ・ローヌ北部地区（コンドリュー）で、ユニークな酒質のワインを生むため知られていて、現在人気が出はじめている。熟した果実を連想させる実に華やかな香りと豊かな酒肉が特徴。栽培が難しい。一部で試栽培に挑戦しているようだがほとんど実用化されていない。

ユニ・ブラン　Ugni Blanc

フランスで広く栽培されている品種。収穫量が多く、酸が高いのでコニャックの重要な原料になっている。スペインのアイレンに相当する。

リースリング　Riesling

　ドイツを代表する高級品種。世界最高と目される秀逸なワインを生む。他諸国でも栽培しているが、栽培が難しくドイツとオーストリア以外ではなかなか成功していない。

ゲヴュルツトラミネール　Gewürztraminer

　ピンク色をした果皮のブドウで非常に芳香の高いフルボディの白ワインを造る。ドイツ原産で国際的には二流の品種と見られているが、フランスのアルザスではこれが大成功している。

〈赤〉

カベルネ・ソーヴィニヨン　Cabernet Sauvignon

　フランス・ボルドーの代表的赤ワイン用高貴種。メドック地方の著名シャトーは、これにメルロを組み合わせて世界最高のワインを造りあげてきた。そのためカリフォルニアがこのブドウに挑戦。メドックを凌ぐものを造りあげたので、現在、世界各地で栽培され、最も人気のある赤品種になっている。長く強い日照を必要とし、乾燥地で特性を発揮する。ワインの色は濃赤紫色。香りは複雑深奥で、カシスやヒマラヤ杉の香りを帯びる。酒肉は豊かで、ことに力強いタンニンがバックボーンになる。瓶詰め後、長い熟成能力を持ち、素晴らしいものに成長する。スペインではナバーラで古くから使われていて、ペネデスでも赤ワイン補強用にいち早く使われだした。

ニュースタイルのワインを指向する地区はどうしても、このブドウを使う。ただリオハではこれにほとんど手を出さず、リベラ・デル・ドゥエロでは補助品種として使っている。プリオラートがこの使用に挑戦し、新商品を生もうとしている。アルランサ、バレンシア、アリカンテ、フミーリャ、イエクラも使用し始めた。ラ・マンチャでこのブドウは無理と考えられてきたが、最近バルデペーニャスで成功例がでている。ピノス・デ・マドリッドは導入に熱心。

ピノ・ノワール　Pinot Noir

フランス・ブルゴーニュ地方の重要な高貴種。赤ワイン用としては、カベルネ・ソーヴィニヨンと双璧をなすトップの地位にあるが、他地方での順応性に欠き、栽培も難しいのでほかで成功している例は少ない。ことに比較的寒冷な気候のところでないと、ワインは凡庸なものになる。ワインは鮮赤色で明るく澄み、特有のフランボワーズやチェリーのような香りを帯びる。タンニンはしっかりしているが繊細で、むしろ爽やかな酸味が出る。シャンパンの主要原料でもある。スペインではペネデスが最初に使いだした。現在カバに一部使用することが認められている。ナバーラとバレンシアの一部が使いだしたが、まだ成功例をみないようである。

メルロ　Merlot

フランス・ボルドーの主要品種。メドックではカベルネ・ソーヴィニヨンの補助種として使われるが、サンテミリヨンやポムロールでは主位になる。カベルネ・ソーヴィニヨンに比べ、果粒は大きく、早熟で、育てやすい栽培上の利点がある。カベルネ・ソーヴィニヨンより冷涼で多湿の土地でも栽培できる。ワインは口当りがソフト。果実味がよく出てふくよかになり、タンニンもおとなしい。飲みやすく、比較的早く瓶熟する。スペインで新スタイルのワインを造ろうとしているところは、カベルネ・ソーヴィニヨンと共にこの品種を使うところが多い。最近はバレアレス諸島まで使いだした。日本でも成功している。

カベルネ・フラン　Cabernet Franc

フランスのサンテミリヨンや、ロワールでの重要な品種。カベルネ・ソーヴィニヨンとちがって、果実も早熟で、ワインもソフトな早飲みタイプに仕立てられることが多い。色はそれほど濃厚でなく、特有の茎香を帯び、タンニンも強くない。スペインでは今のところどうしたのか、ペネデスとバレンシアの一部を除くとほとんど使われていない。

シラー　Syrah

南仏コート・デュ・ローヌ北部で傑出した成功を収めてきたため、現在世界各地で栽培されているが、むしろ補助種として効果的。ワインは濃赤紫色、黒胡椒のような特有の強烈な香り、酒肉は厚く、アルコール度が高く、荒くさえ感じさせるほどタンニンも強い。ワインは濃厚長寿タイプ。スペインでは新興産地が耐熱耐乾燥の能力に目をつけて使い始めたところが出てきた。プリオラートが少し始め、最近はカラタユド、アリカンテ、フミーリャ、イエクラ、マンチュエラ、バレアレス諸島も使いだしている。ビノス・デ・マドリッドも関心を持っている。なお、オーストラリアでも成功している。

VI　スペイン・ワインの歴史

過去の低迷とその事情

世界的なワイン市場において、二〇世紀の後半からスペイン・ワインが急激に頭角を現わし始め、現在ワイン関係者の誰もが無視できない地位を占め、さらに雄飛し続けようとしている。新大陸のカリフォルニアなどと違って、スペイン・ワインの歴史は古い。また一六～一七世紀は、スペインは世界一の大帝国だった時代もあった。そうした国のワインがほんの三〇年位前まで無視されていたのだ。これには長い苦難の歴史があったからである。今日の大飛躍は決して偶然のものでなく、低迷の原因が解消されたからこそ可能だったのである。

スペインのブドウ栽培面積は世界一だが、生産量は三位になる。広大な栽培地区の中で量産地の中央高原は、ドン・キホーテの舞台になったラ・マンチャの風景写真を見ればわかるように、砂漠地帯に近い。乾燥していて、夏は酷暑である。そのため、ブドウは株仕立てといわれる原始的方法で畝間を広く取り、地表にはうように栽培されている。これが灌漑されれば状況は全く変る。ただそれには多大の投資が必要で、今まではわかっていてもそれが出来なかった。さらに良いワイン造りには栽培だけでなく、醸造に良い設備と優れた技術が必要である。二〇世紀の最後のクォーター（二五年）に世界のワイン地図が塗り変えられたと言われる。それは現代的醸造技術の発達とその本格的導入が広く行なわれるようになったためである。上品質ワイン造りには現代的醸造技術（例えば温度調整が出来るステンレスタンクの発酵槽）が不可欠だが、これにも多大の投資が必要である。それらが以前はうまく行かなかったため、スペインは他のワイン生産国に比べ、時流に乗るのが一足遅れたのである。それに加えて流通と消費の問題があった。ワインを造ってもそれが売れなければ話にならない。第二次世界大戦と、フランコ独裁政権という政治的理由のために、スペインはヨーロッパ市場から締め出しをくっていた（例えばスペインのEC加盟にフランスのド・ゴール大統領が首を縦にふらなかった。農業国フランスとしてはスペインから低廉な農産物を大量に出されたのでは大影響を受けるからだろう）。

ECの加盟が可能になって、スペイン・ワインは大市場を目の前にするようになった。この政治経済状況を背景にして、スペイン政府はワイン産業（近代的生産技術の導入）の発展と輸出に積極的に助成するようになった。

こうした条件が重なって、スペイン・ワイン産業が活気づいたのである。この背景を知るために、ごく簡単に歴史を振り返ってみよう。

古代と中世――イスラムとレコンキスタ

スペイン・ワインの歴史は古い。ローマ帝国が興隆する以前からフェニキアやギリシャの貿易船がマッシリア（今のマルセイユ）やスペインのバルセロナに基地を設け、ワインを造り始めていた。ローマがアフリカの強敵カルタゴと争っていたとき、ハンニバルがローマに攻め込んだのは歴史的に有名な事件だが、その先頭を切った軍隊はスペイン生まれのハンニバルが指揮するスペインの軍隊だったのだ。ローマが勝つと、当然のことながらスペインはローマの支配下に入る。ワイン造りも本格的になり、ローマが消費するかなりの量の生産・供給地にまでなった。ところが、七一一年以後数百年間、イベリア半島のかなりの部分はイスラム教徒の支配下に入り、ワイン不毛の地になってしまう。このイスラム追放のために起きた戦いが「国土回復《レコンキスタ》」で、その主力になったのが、カスティーリャ王国とアラゴン王国の連合軍であった。ほぼ八世紀にわたる長い戦乱の後に一四九二年にキリスト王国側が勝利する。そして「カトリック両王」と称されたフェルナンド二世とイサベル一世の共同統治による独立した王国としてのスペインが誕生する。この戦いの中で各地を征服した軍の隊長達はブドウを植えることを命じられた。ブドウを植えることは、そこが領地になり、領主になる証だった。かくてスペイン全土各地でブドウが栽培されることになった。

イスラムがイベリア半島（今日のスペイン）の四分の三を支配していた時代、北部のアストゥリアスからピレネー山脈一帯（今日のスペイン北部）は、その支配下に入らなかった。

このあたりはイスラムとの戦いの中で城塞が多く築かれたから「カスティーリャ」（城塞の多い地方）と呼ばれるようになった。カスティーリャはもともとレオン王国の一部だったが、勢力を強め逆にカスティーリャ王国の一部に吸収してしまう。なんでこういう古い話を持ち出すかというと、このカスティーリャ王国の首都だったのはバリャドリッドで、その周辺はスペインの他のところより（カタルーニャを除く）文化が栄えていたのである。今日優れたワインを出し始めたリベラ・デル・ドゥエロとかトロ地区は、この文化圏に入るのだ。

大帝国のハプスブルク・スペイン

後にアラゴン王国と合体したカスティーリャ王国がスペイン王国となり、イベリア半島のほとんどをその支配下に治める強力な王国になった。それだけでなく積極的に当時のヨーロッパの他の王国と婚姻政策（政略結婚）を展開する。それにはポルトガル、フランス、イギリス、神聖ローマ帝国（オーストリアのハプスブルク家）が含まれていた（今日と違って当時のヨーロッパは王家間の婚姻による結びつきが多く、それによって領主・国王とその領土の範囲が変った）。いろいろ後継者の死亡等の事情もあって、一五一六年ハプスブルク家のカールが「カルロス一世」として、スペインの王家を継ぎ、「ハプスブルク朝スペイン」が誕生する。

フランドル生まれ（今日のオランダやベルギー）の男がスペインに来て王様になったわけである。スペインは現在の国土であるイベリア半島だけでなく、ネーデルラントまでその領土としたのである。余所者の王だったカルロスは、スペイン土着の貴族達との融合に苦労する。外国人が国の要職を独占したことと、強制的な上納金の支払いに対する不満は都市同盟と呼ばれる大規模な反王権、大貴族反乱を引き起こす。しかし、王側はこれらを鎮圧し、強権的な政治体制を敷くことになった。このカルロス一世とそれを継いだ「フェリペ二世」の時代（この時にマドリッドがスペインの首都になる）に、スペイン王国の最盛期を迎え、ヨーロッパというより世界一の強国になった。その間にコロンブスの功績によって端を発した南米の征服によって、南米を支配下におさめることになった影響（ことにメキシコとペルーの銀山の発見）は大きかった。一足先に海洋帝国になったポルトガルが手をつけた領土、アフリカ西海岸一帯、タンザニア、アラビア半島、アデン、インド西部、インドネシア、北ニューギニア、台湾、マカオ、後にフィリピンまでが一時期はスペイン帝国の勢力下に追加されたのである。文字通り「陽の没することなき帝国」になった。後に独立したポルトガルとの争いが起き、ローマ法王の調停でトルデシーリャス条約が締結され、西経四五度線から東はポルトガル、西はスペインの勢力拡大圏になった。日本にポルトガルの宣教師が来たのはそのためだった。また、南米はスペインの支配下に入ってしまう。今日世界で使われている言語で一番多いのが英語だが、その次がスペイン語なのはこうした理由からである。この最盛期の時代、王朝の指導理念はキリスト教普遍帝国の樹立であり、カトリック信仰の純血性を守るために、外国書籍の輸入許可制を採用し、禁書目録まで作った（ことにプロテスタント思想の禁圧）。この文化的鎖国がスペインの文化と科学技術の後進性の要因になった。

ハプスブルク朝スペインがヨーロッパ一の強国になったことを一番嫌がったのは、フランスとイギリスだった。そのためスペインはこの二つの強敵と絶えざる戦いを続けることになる。それにネーデルラント独立運動の鎮圧、オスマン帝国の侵攻に対する防御戦争が加わった。スペインが強国になった財源は南米からの銀だった。その搬入を可能にし、かつ南米の植民地を支配し続け、かつオスマン海軍を破ってその勢力を粉砕したのは、スペインが育てた「無敵艦隊」だった。しかし、イギリスとの海戦で、この艦隊が壊滅した時に、強大帝国没落の運命が始まったのである。南米の銀によって巨大な富を手にしたものの、そのほとんどは相次ぐ戦争の費用や王侯貴族の浪費に使われ、世界一を誇る大帝国も実情を言えば、国家財政は困窮していたのである（この点は太陽王ルイ一四世のフランスと似ている）。その富が人民の経済的地位の向上や新産業の投資に使われることはほとんどなかった。イギリスでは早くから産業革命が起きていた。大革命を経たフランスは新興ブルジョワが産業を興隆させ、ナポレオン三世がイギリスの産業革命を見習ってその仕上げをした。ヨーロッパではそうした政治経済の近代化が進んでいたが、スペインが近代的産業国家になったのは、実に第二次大戦後なのである。

またスペインの各王は、純血カトリック教国を指向していた。そのため、レコンキスタ完了後もスペインに残っていて農業に従事していた多くのイスラム教徒や、勤勉で商工業に従事していた新教徒、さらには金融界を支えていたユダヤ人を国外に追放した。これはこの国の産業の発展にとって大打撃であった。これらの諸要因と、王家を始めとして国家権力を担う貴族達の保守性が相まってスペインが近代国家へ脱皮する障害になり、近代国家になるのが遅れてしまったのである。

ブルボン朝スペイン

一八〇〇年ほど続いたハプスブルク朝はカルロス二世の死によって幕を閉じ、ブルボン家のアンジュー公がフェリペ五世として王になり、ブルボン朝スペインに移る。王の交替は平穏に行なわれたが、王位をめぐって一七〇一年「スペイン王位継承戦争」が始まる。これはヨーロッパ中を巻きこむ戦争になった。これはユトレヒト条約でおさまったが、ブルボン朝支配に対するカタルーニャの反抗は後まで続き、後の内乱まで尾を引く。ハプスブルクからブルボンに変ったことは、神聖帝国から啓蒙主義君主へ変ったことも意味し、それはスペイン経済の立て直しと近代化をも意味していた。政治的に統一され、中央政府の権限が強化されると同時に、近代的官僚の統治が始まった。財政の基礎だった貿易も、銀から新製品（砂糖、コーヒー、タバコなど）に変った。治世は安定し、新政策が次のフェルナンド六世に引き継がれる。六世は七年戦争に介入せず、平和外交を守り、国内では優れた大臣を採用して行政改革を実施すると共に、財政改革、公共事業の推進、農業の振興と近代化、植民地の近代化などを次々と実施した。六世の後を継いだカルロス三世も啓蒙王であった。フランスの重農主義、イギリスの経済自由主義の影響を受けた有能な改革派官僚を登用し、経済・産業面で多くの改革を実施した。ただ農業に関しては、この国の農地の多くが大地主の所有という古い制度の下にあり、それが経済発展の障害になっていた。これを改革しようとしたが、結局は出来なかった。このような数代続いた啓蒙主義的改革は軌道に乗り始めた矢先に頓挫してしまう。それはお隣りのフランスで起きた大事件、「フランス革命」の衝撃波を受けたという事態であった。

革命の影響をおそれたカルロス四世は国境を閉鎖し、ルイ一五世（スペイン王の従兄弟）の処刑を止めようとしたり、いろいろ干渉したことがフランス側に絶好の口実を与えてしまった。ナポレオンが皇帝になると、フランスとの戦争が始まった。フランスに敗れると皇帝に忠節を誓うことになり、イギリスと敵対する。ところが、フランス・スペイン連合艦隊は、トラファルガー沖海戦でネルソン提督率いるイギリス艦隊に壊滅的大敗をした。折角建てなおした海軍を失い、植民地との連絡が途絶し、経済は危機に陥った。それだけでなくナポレオンの巧妙な政策にひっかかって、フランス軍のスペイン駐留を許してしまう。これに対し各都市が反乱を起こし、スペイン独立戦争が始まる。初期はスペイン軍が勝つが、皇帝自らが大軍隊を率いて攻め込むと、スペイン軍は勇敢な抵抗をしたものの制圧されてしまう。これに対し民衆側がゲリラ戦で抵抗する（ゲリラという言葉はこの時に生まれる）。それに対する残虐な殺戮は、ゴヤの有名な版画集「戦争の惨禍」に残されている。正規軍隊とゲリラとの三年間の闘いは双方痛み分けの泥沼に陥るが、結局スペイン側がウェリントン公のイギリス軍の援助を得て、フランス軍は敗退し、ナポレオンもスペインから手を引くことになる。

内戦時代

亡命中のフェルナンド七世が国民の歓呼の声に迎えられて王位につくが、この政権は当初は自由主義政治を標榜したものの、後半は王政復古の反動政権になってしまう。これに抵抗しようとする自由主義の過激派と絶対王政を支持する貴族・聖職者・農民と対立し、国民が二つに割れる混迷状態に陥る。王権派はオーストリアを中心としたヨーロッパの反動貴族連合「神聖同盟」の援助を求め、自由主義派は制圧される。「忌むべき一〇年間」といわれる弾圧が行なわれるが、斬新的な行財政改革も行なわれた。またカタルーニャでは産業が復興する。ただ、スペインで独立戦争が続く中、一八一〇年から二〇年の間に南米のスペイン支配下にあった諸国（メキシコ、ペルー、アルゼンチン）などが独立し、スペインに残されたのはキューバとフィリピンだけになってしまう。

一八三三年にフェルナンド七世が死亡すると、スペインで最初の女王になるイサベル二世が王位に就くが、政情は混迷をきわめ、クーデターが起きて二世は退位、スペイン・ブルボン朝は終焉をみる。この退位は流血をみずに行なわれたので「名誉革命」とも呼ばれている。王の空位の後修時政権が樹立され「第一共和政」が誕生するが、これは短命に終わる。アマデオ一世、アルフォンソ一二世が王位に就くが、両王とも「君臨すれども支配せず」という絶対王政とはちがった議会君主制を取り、以後議会が政治を担うようになった。その意味で、スペインがやっと近代的民主主義の政体の一歩を踏み出す。しかし政局は混乱を極めた。一九世紀後半にヨーロッパ諸国が繁栄をみる中で、スペインもやっと経済成長をみることになる。製鉄業、繊維業も成長し、農業も発展する。この時代にワインの生産も急激に増加し、スペインが世界のワイン大生産国の仲間入りをすることになった。この経済成長の象徴が一八八八年にバルセロナで行なわれた万国博覧会である。しかし、その直後からキューバの独立をめぐって、アメリカが干渉し一八九八年に「米西戦争」が起こり、八ヶ月足らずでスペインは完敗して降伏する。その結果、プエルトリコ、フィリピン、グアムはアメリカの手に移り、太平洋上のカロリン、マリアナ、パウラ諸島をドイツに割譲する。これがスペインの国際的舞台からの退場と、アメリカの登場という歴史的転換期になる。また、この戦いは国際的に見て、スペインの後進性を示すことになった。ただ、この時代にバルセロナを中心とするカタルーニャ地方が産業社会への転換に成功し、近代化路線を促進し、他の地方ときわだった違いを見せるようになった。ただ、このことが次の内乱時代を惹起することにもなる。

二〇世紀に入りアルフォンソ一三世が王位に就くが、一九一四年に第一次世界大戦が勃発する。スペインは賢明な王の下で絶対中立の立場を維持するが、それによって戦災に見舞われることなく、かえって軍需産業が繁栄し、(スペインは)大型景気で潤う。その反面、貴族に代って、戦争で富の恩恵を受けたブルジョワ層の勃興とインフレによる物価高騰で生活が苦しくなった庶民の対立が鮮明になってきた。ゼネストまで発生し、その鎮圧のために軍事政権の独裁制が始まる。それによる国家財政の安定、経済の好転が見られた時に起きたのが一九二九年の世界大恐慌で、この予期しなかった事態のために、独裁を支えた経済繁栄が挫折し、スペイン経済も深刻な不況に陥った。その他、国民の政治に対する不満が一気に暴発し、政治的には「第二共和政」が誕生することになったが、右から左まで六党派の連立政権だった。共和党政府は新憲法を制定公布し、軍改革、宗教改革、地方自治改革に着手する。これはまた当然軍部と教会を敵にすることになった。農地改革にしても焦眉の急だったが、大規模農地(ラティフンディオ)が少数の地主に握られていたから、本来なら土地を農業労働者に配分する農地改革をしなければならなかった。しかし土地を国有地にするための収用権の実施は、憲法でうたわれた私有財権の尊重という原則の前に絵に描いた餅のようになってしまった。それがまた農民の不満をよぶ結果になった。政府の新政策は左右両勢力の対立の激化を招き、政府の与党は少数派になる。これに危機感をもった急進派に指導されたゼネストや地方の蜂起などの反政府運動は革命的色彩を帯びるようになる。その鎮圧で頭角を現わしたのが、フランコ将軍だった。

フランコ政権時代

一九三六年内閣が倒れ、国会が解散され、総選挙が行なわれることになった。この選挙戦の中で左諸派が中心になって広汎な勢力を集める「人民戦線」が結成されたが、右派は右派でこれに対抗して「国民戦線」を結成して体制把握をはかった。熱狂的雰囲気の中で行なわれた選挙は、人民戦線側の辛勝になった。これに危惧を抱いた右翼陣営は動揺し、クーデターまで謀ったが成功しなかった。こうして世界で最初の自由主義的人民戦線内閣が誕生する。ところが急進派の連日のようなデモや、教会や右翼事務所の焼き討ち、農民の農地占拠というようなアナキスト的社会混乱という事態が発生する。この社会的混乱を救うのは軍部の介入しかないと考えた右翼的将校がスペイン軍事同盟を結成し、各地で軍事蜂起が起きる。それに対抗したのは、一般市民を含むCNTやUGTの労働者だった。隠匿していた武器で武装し、マドリッドやバルセロナの軍事反乱を速やかに鎮圧した。そのため一時は軍事反乱は挫折したかの様相を呈したが、これを再組織して右翼体制を立て直したのがフランコだった。しかも成功のために、こともあろうにイタリアのムッソリーニとドイツのヒットラーの援助を求めたのである。

このようにスペインは国を二分する内戦状態に入ったが、独伊の軍事援助を受けたフランコ軍が優勢になった。この内乱に対し、ヨーロッパの列強フランスとイギリスは不干渉・中立主義を取った。イギリス政府に言わせれば「ファシストとボリシェヴィキがイベリア半島で殺し合うような戦争は歓迎」であった。反面、独伊の援助は続けられた。こうした国際的な政情の中で、民主主義国家の崩壊を憂えた人々がヨーロッパ及びアメリカから次々にスペインに入り、「国際義勇団」と呼ばれ、フランコ将軍の反乱軍が侵攻するマドリッドの共和国政府を守る戦線に参加した。総勢約四万人、医療部隊など二万人に及ぶと言われている（日本人も一人参加していた）。武装が整い完璧に軍事訓練され、しかも制空権を握っていたフランコ軍に対し、非力で寄り合い世帯の感がある政府軍はよく戦ったが

（中央部グルネの戦いでは僅か二〇日間で両陣営で四万人の戦死者を出した）、熾烈な戦争の後、臨時政府は敗れ、フランコ軍独裁政権の時代に入る。しかし、民主主義を守るためのこの闘いはヨーロッパを含む知識人の心に刻み込まれる。ジョージ・オーウェルの『カタロニア讃歌』もそうした中で生まれた作品であり、映画にもなったヘミングウェイの『誰がために鐘は鳴る』もそうである。この戦線の中で、ヒットラーの空軍がゲルニカの無辜《むこ》な市民を虐殺した空爆は、ピカソの巨大な絵画「ゲルニカ」に描かれ、世界の人の記憶に残ることになる。政権を完全に掌握したフランコは、国内の右派勢力（ことに大地主の貴族とカトリック僧侶達）と結託し、左翼勢力に対し血なまぐさい復讐・粛清・反動と弾圧の政策を取り続ける。それがヨーロッパの民主主義諸国に悪い印象を残した。

さらに問題になったのは、第二次世界大戦である。フランコは枢軸国側のヒットラーとムッソリーニに対し、いかにもその側について連合国側に与しないような派手なジェスチュアを見せる。しかし内戦の復興が大変だという口実で実際はヒットラーが期待したような軍事行動は全く取らなかった。フランコとしては自国を守るために、巧妙な政治行動を取ったつもりだったろうが、連合側諸国の信用を墜とした。大戦が連合国側の勝利で終結し、連合国側を主体とする新国際秩序が形成され、それが「国連」という機関に体現された。そこで「スペイン排斥」決議案が採択され、スペインは戦争の被害こそ蒙らなかったが、一時期国際的に完全に孤立してしまったのである。もっとも、アメリカを盟主とする西側陣営と、ソ連を盟主とする東側陣営という新しい国際的対立・冷戦という新しい政治情勢が発生すると、アメリカはスペインを西側にひきつけるために公然とフランコ体制の経済的援助の肩入れを始めた。独裁国であるため、マーシャル計画の対象外とされていたスペインも、遅ればせながら他のヨーロッパ諸国の後を追い、六〇年代のいわゆる「スペインの奇跡」を達成することが出来たのである。

新立憲王国時代

あらゆる延命策を講じたフランコも一九七五年に死亡する。政権末期には独裁体制に反対する開放派によるスペイン民主評議会が結成され、アリアス・ナバーロ内閣は斬新的政治的民主化への道に向かった。多くの政党が生まれた上に、国内の右派と左派の対立は厳しく、政局は混迷した。しかしフアン・カルロスを国王とする立憲君主制国家へと移行する路線が、民主中道連合と社会労働党を率いる弱冠三五歳のフェリペ・ゴンサレス書記長の活躍で軌道に乗るようになった。

スペインは一九七七年から正式にEC加盟を申請したが、当時のヨーロッパを襲った経済不況は加盟国間の利害対立を表面化し、スペインの加盟は難航した。八二年にはミッテラン・フランス大統領が「現体制でのスペインの加盟は災害を招く」と発言したのに象徴されるように時期尚早論が主流だった。しかし社会労働党のゴンサレス政権の樹立は民主主義体制の確立を印象づけた。フランスがまず軟化し、一九八四年から手続きが具体化した。ただ、フランスとスペインは、最大の障害だった農産物問題をめぐって対立を続けた。八五年にようやく加盟条約が調印された。しかしスペインとポルトガルの加盟がEC諸国の農業に多大の影響を与えることが予想されたため、共通農業政策・関税同盟適用は七年間の過渡的期間が設定され、個別農産物ごとに一〇年にわたる過渡期間が設けられたほどであった。しかしこうした障害を崩したのはNATO問題だった。ゴンサレス政権は一九七九年に

ＮＡＴＯに加盟し、ヨーロッパの一員として集団防衛の一翼を担う態度を明示していた。ところが一九八一年からヨーロッパ全体にＮＡＴＯ加盟反対の運動が起こり、スペインでも反対運動は激しかった。それにも拘らずゴンサレスは加盟提案を国会上院で通過させ、八二年に正式な加盟国になった。ゴンサレスは国民投票に訴え、「西ヨーロッパの一員」になることを国民にアピールした。その結果、国民投票で加盟が承認され、その結果が欧米諸国から歓迎されるとともにゴンサレス首相の政治力を内外に明らかにする結果となったのである。

本書はワインの本なのにこのような政治情勢をやや詳しく述べたのは、なぜ二〇世紀の後半から二一世紀にかけてスペインが急速かつ飛躍的発展を遂げたのか、ブドウ栽培面積が世界一であったにも拘らず、なぜワイン生産国として停滞していたのかということを説明するためである。近世に入ってヨーロッパ諸国がそれぞれ状況は変っても近代的国家に変身していったにも拘らず、スペインだけは取り残されていた。世界最大の帝国となり、植民地から収奪した富が本国に流れ込んだ。しかし、それは王朝の浪費と帝国の威信を保つため（ことに数多くの戦争）に費やされ、国家経済全体の向上には結びつかず、富の源泉である諸植民地が独立すると源泉そのものが消失してしまった。フランス革命の影響を受け、二度にわたる革命政府が樹立されたが、いずれも反動勢力のために挫折し、近代的民主的国家（ブルジョワ政権）が育たなかった。数多くの政党が現われたが集合離散を繰り返し、政治は左と右とに大きく振れ、国のエネルギーを集中できる安定政権が長く続かなかった。それは過去の栄光の回復を希求する右派勢力とこの国特有のカトリック勢力が結びつく反面、貧富の差の激しさのため左翼勢力が台頭しても、急進思想やアナキズム思想が左翼勢力を分裂させたからである。それに加えて、この国特有の地方分権問題があった。統一国家の象徴であるマドリッドと、地中海文化・

近代的思想の中心バルセロナの対立がその象徴であった（バスク地方の独立運動は、今日でも後遺症を残している）。近代産業の勃興による新興勢力のブルジョワ層の形成が生じなかったわけではなかったが、教会が社会勢力の中で中心的地位を占めていたこの国では、富の生産と流通にとって不利であった。利潤が資本主義的意味の投資に使われることを肯定する国民的コンセンサスが欠けていたのである。目を農業に移してみると、この国特有の現象である大土地所有制はこの国の農業の近代化を阻むガンだった。二〇世紀の初めに登記された土地の五〇％を僅か一部の家族が所有し、地主の一％が土地財産の四二％を占めていたのである。この耕作に当る農民達は地主に有利な永代地代・長期地代で縛られていた。また大農園で働く農民のほとんどは、日雇労働者でその労働条件はみじめなものだった。そのため都市の暴動とは別に、農民一揆が頻発した。つまり弁論と法による議会政治が行なわれようとすると、クーデターがそれに取って代ることが交互に起きていたのである。

前に述べたようなEUとの関係でわかるように、第一次大戦、内戦、第二次世界大戦におけるこの国の政情がヨーロッパ諸国から、白い目で見られるようになっていた関係で、農業生産物としてのワインが大消費地ヨーロッパ諸国の人々から喜んで受け入れられるための厚い壁があったのである。いざその障害から解放されるようになると、スペインはやっとその実力を発揮できるようになった。

現代

混迷のかぎりだった政局は安定し、社会労働党（PSOE Partido Socialista Obrero Español）の政権は十数年続いている。民主的体制への移行は全体的合意の下に進められ、伝統的な右翼勢力に今のところ脅かされていない。君主制は国の和合の要として受け入れられている。バルセロナ・オリンピックとセビーリャ万博を経て、労働者の出稼ぎ、観光客に依存していた社会経済状況は外国資本の大量流入（石油、情報通信、電力、金融、流通機械製造、プラント輸出、自動車部品製造など）で経済は活性化し、工業化も急速に進み、現代的先端産業も定着しつつある。ユーロを導入した「経済通貨統合」とともに「市場統合」（通関検査、制度・認証・規格などの関税障壁を除去し、サービス・資本・人が自由に行き来するEU単一市場の形成）に合わせて、一九八〇年代から九〇年代初めにかけて実施された一連の抜本的経済改革はこの国のビジネス環境を一新した。現在、国民総生産の経済規模でみても、経済協力開発機構（OECD）の諸国中カナダを抜いて第七位になった。また一人当りのGDP（国内総生産）でスペインは二〇〇六年にイタリアを抜き、ドイツ、フランス、イギリスの水準に急接近し、EUの中で経済発展が最も目覚ましい。ただ、国内の（ことに都市と地方との）の経済的格差は著しい（豊かなカタルーニャと、慢性的貧困状態にあるガリシアやアンダルシア）。大地主の大土地所有の開放はそう簡単に解決しそうもない（逆に近代的大規模農場に転換できる可能性を秘めている）。農業の近代化（ワイン生産を含む）も、一部は非常に進んでいると同時に、時代に乗り遅れた地方もまだ多く残っている（ラ・マンチャ地方の灌漑問題や、エストレマドゥーラ地方の生産品（ワインを含む）の販売・輸出能力の未発達、バスクを含む地方分権問題はこの国の大きな課題である（まだ大きく火を噴く危険もはらんでいる）。この巨大な国が統一した近代国家になったことにより数多くの問題が生まれている。

マドリッドを中心とする新社会現象も起き、ポスト・モダン的活動へのスペインの参加は豪華な雑誌などで彩られている。ピカソやミロの二〇世紀的芸術感受性はワインのラベルにも現われだしている。ことに近代化で華やかな成功をおさめている都市の豊かな市民と、農民との格差は著しく、それをどう克服して行くかがこの国の大きな課題であろう。それはこの国のワイン産業の発達と表裏の問題なのである。

スペイン・ワインを経済学の観点から考察した驚くべき本が出されている。竹中克行・齊藤由香著『スペインワイン産業の地域資源論』（ナカニシヤ出版、二〇一〇年）で、ワインと経済の関係を研究しようと思う人には必読の本。なお楠貞義著『現代スペインの経済社会』（勁草書房、二〇一一年）も見逃せない。また坂東省次、戸門一衛、碇順治編著の『現代スペイン・情報ハンドブック』（三修社、二〇〇七年）もスペインの現状を正確に知らせてくれる。

第2部　各論

I　スペインの各ワイン生産地とDOワイン

ひと口にスペイン・ワインと言っても、広大なこの国の地勢、気候は一様でない。少し前まで、日本で手に入るスペイン・ワインと言えば、一部のリオハとラ・マンチャの安い赤ワインくらいだった。そのうちミゲル・トーレス社のペネデスのワインといくつかのリオハが入りだして、愛飲家と輸入業者が注目するようになった。スペイン・ワインに対する認識を一変させたのは、なんと言ってもベガ・シシリアで、このワインがイギリス王子の結婚式に使われたため一躍世界的に有名になり、スペインのロマネ・コンティとまで呼ばれるようになると、それを飲むことが出来るようになった日本のワイン愛好家達もその品質の秀逸さに驚かされた。その後、スペイン・ワインの大発展によって、スペインのワイン地図が一新された。スパークリングワインのカバが大飛躍してイタリアを抜いてシャンパンに次ぐ第二位の輸入ワインになった。リベラ・デル・ドゥエロ地区のワインが品質を向上させ、リオハに追いつき追い越すものまで現われた。リオハのいろいろ優れたものが入って来るようになった。スペインでは良い白ワインがないと思いこんでいた人達の独断偏見をガリシアのリアス・バイシャスの白が破った。ダークホース的なプリオラートのワインの秀逸さも愛飲家を驚かした。安酒と思いこまれていたラ・マンチャやバルデペーニャスも品質がとても良くなった。

こうしたスペイン・ワインの新変貌を、最初に紹介したのは、改訂された地図入りのワイン・ブック、ヒュー・ジョンソンの『ワールド・アトラス・オブ・ワイン』の第六版だった（邦題『世界のワイン』産調出版。二〇一四年に第七版が『世界のワイン図鑑』の名でガイアブックスから出された）。近年大都市でのスペイン・バルの大流行に伴って実に多種多様なスペイン・ワインがどっと日本のワイン市場に流れ込んで来た。業者やバルの店員にしても、手探りで探すようにワインを選び、お客に出している。こうした状況を交通整理でもするようにスペイン・ワインを正しく理解してもらおうとするのが本書の目的である。

スペイン・ワインを知るための鍵はなんといっても中心になるDOワインを知ることである。（二二頁、総論四章スペイン・ワインの法的分類を参照）しかし現在六七もあるDOワインにしても、瓶のラベルを見ただけでは、それがどこでとれたワインで、どんな味なのか見当がつかない。これを理解するために、ワインの生産地方を大区分して、北部、中央部、南部と分け、さらにその中の各地区・地方名（カタルーニャ、カスティーリャ、アンダルシアというように）をはっきりさせて、その中でどんなDO地区があるのかわかるようにしたのが、以下の章である。

Ⅱ　スペイン北部　最東地区
（カタルーニャ CATALUÑA）

スペインには地方ごとに「国」があるといわれることがある。バルセロナを州都とするスペイン北部のカタルーニャ地方もまた、独自の歴史と文化を育んできた。古代からこの地方では、海を制する者が支配者になってきた。まずギリシャ人が、その後ローマ人がスペインを植民地化した。イスラム教徒がイベリア半島の大半を支配していた九世紀初頭、ピレネーを越えて北進するアラブ・イスラム軍を撃退したフランク王国シャルルマーニュ大帝の版図にカタルーニャは「イスパニア辺境領」として組み入れられたが、九八六年にはバルセロナ伯国として独立を宣言。数世紀に及ぶ封建制の基礎を築いた。これが現在のカタルーニャの起源である。

中世ヨーロッパの影響を受けながら、また当時のイスラムの先進的な文化を柔軟に取り入れながら発展したカタルーニャは、勢力を地中海に拡大し、約四世紀にわたる黄金時代を迎える。一五世紀半ばまでに、カタルーニャとアラゴン、バレンシア、バレアレス諸島は統合し、シチリア、サルデーニャ、南イタリアまでをも含む強大な国家を築いたが、まもなくカスティーリャに統合された。

その後のスペイン統一により衰退が始まり、一七一四年、スペイン継承戦争の敗北を機に自治権を

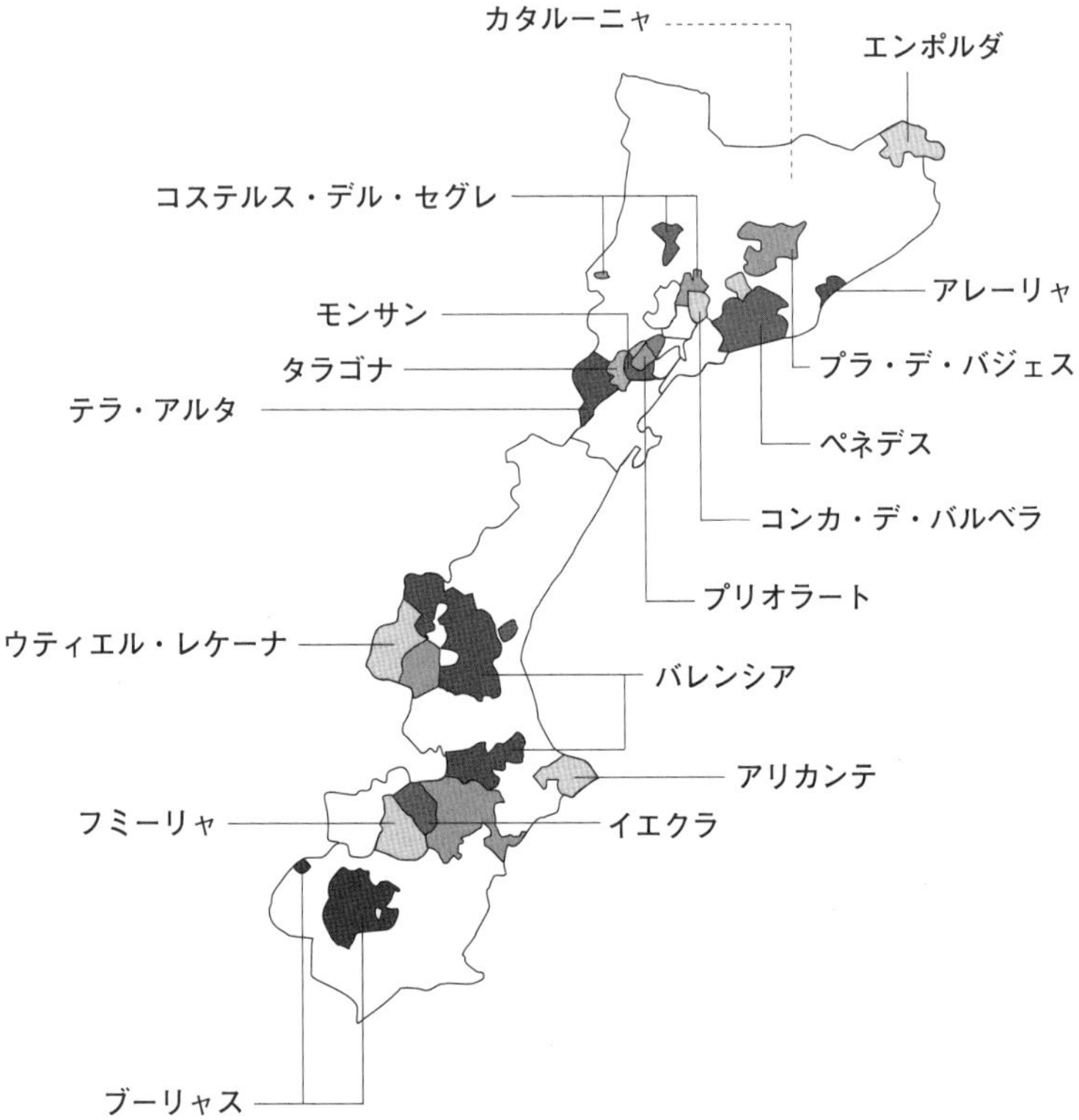

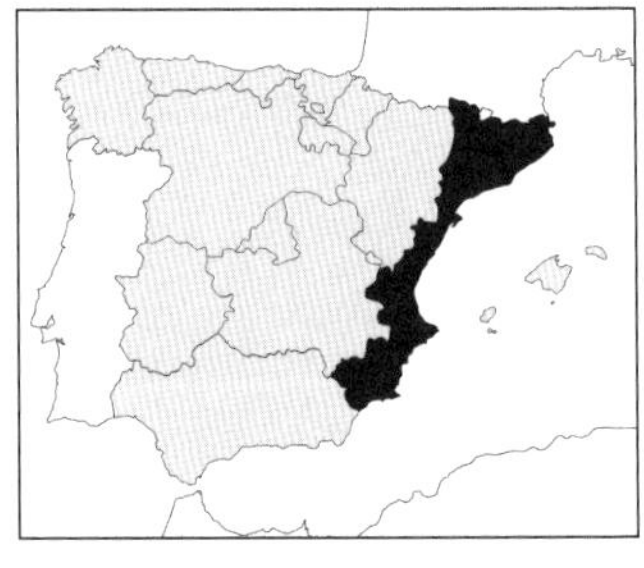

スペイン北部 最東地区・中央部 東沿岸部

失ってしまう。再び発展が始まったのは一九世紀半ばである。「カタルーニャ・ルネッサンス」と呼ばれるこの時代、モデルニスモと呼ばれる芸術運動が起こり、ガウディをはじめとする芸術家達の作品が街並みに彩りを添えた。

フランコ死後の一九七七年、念願の自治権を獲得したカタルーニャは、フランコ時代に禁止されていたカタルーニャ語を公用語として復活させることに成功。今では街中にカタルーニャ語の標識が掲げられている。

スペインがいかに変容したかの象徴はバルセロナだろう。オリンピックのための大都市計画によって、この街は近代的大都市に生まれ変り、港はわざわざ行かないと見れなくなった。しかしこの街のシンボルというべきサグラダ・ファミリア聖堂はその奇観を残したまま建築続行中だし、街の各所には古いたたずまいを残した旧市街・旧寺院、広場、公園、ランブラス通り、ボケリアと呼ばれる大市場がある。近代化されたウォーターフロントには、ワールド・トレードセンター、水族館、レストランやバルを含んだ巨大なショッピングセンターが生まれ、人の活気が渦巻いている。まさに歴史と現代、新と旧とが共生している世界である。

こうした歴史をたどっても明らかなように、カタルーニャは、「地中海文化圏」であって、マドリッドを中心とするカスティーリャ文化圏と異なる。地中海に面し、古くから周辺諸国との交易が盛んで、フランスやイタリアとの文化交流もあり、開放的で文化の先進的地方であった。ワイン造りにもその影響は色濃く反映されている。進取の気象に富み、創意工夫に優れ、新しい品種の導入など、栽培や醸造にモダンな発想や投資が活発に取り入れられた。スペイン・ワイン革新の先駆者的存在と位置づけられる。フィロキセラ禍のためにボルドーと結びついたリオハがワイン生産地区として大発展していなかったら、スペインの最新・最高のワイン生産地方になっていたとみる人も少なくないだろう。つまり、スペインの中でもヨーロッパ的ワイン造りが導入される基盤が十分にあったのである。カタルーニャのワイン産地としての特色として挙げられることは、二つある。ひとつには、画一的でなく多種多様のワインを生み出していることであろう。さらに、外国品種の導入が進んでいて、地方の固有種の長所とうまく組み合わせた新しいスタイルのワインを造り出していることも指摘できる。ひと口にカタルーニャと言っても、DO地区が一一もあり、小さいながらもそれぞれにタイプの異なるワインを産出している。

中心はバルセロナに近い「ペネデス」。それに次ぐのが、南部の「タラゴナ」。南西部奥に「プリオラート」の小地区があり、スペイン最高のワインのひとつを産出する特区になった。それを取り巻くのが、「モンサン」というサブリージョンで、しっかりした骨組みの濃厚な赤ワインで注目されている。

ペネデスの西の内陸部、山陵地帯に「コンカ・デ・バルベラ」地区があり、さらにその奥に、大規模な土地開発で飛び地的に分散した「コステルス・デル・セグレ」がある。タラゴナのさらに南の内陸部山中には、「テラ・アルタ」地区があり、まだ無名ながらも将来の期待ができる場所である。また、バルセロナの北の内陸に入ったところに「プラ・デ・バジェス」地区があり、北東には「アレーリャ」地区がある。さらに北のフランス国境沿いに「エンポルダ」地区がある。なお、カタルーニャ全域をカバーする広域名称の「カタルーニャ」も、二〇〇一年に中央政府からDOとして認められた。

スパークリングワインの「カバ」は、バルセロナ南西四〇キロのサン・サドゥルニ・デ・ノヤが中心的生産地だが、そのブドウの九五％はカタルーニャ全域産のものを含む。
次に、産地について、もう少し詳しくみてみよう。

ペネデス　Penedès

カタルーニャを代表する生産地で、総栽培面積約一万九〇〇〇ヘクタールで、ワインの年間生産量は約一万三〇〇〇キロリットル。バルセロナの南約四〇キロにあるビラフランカ・デル・ペネデスを中心に広がっている。ローマ人の足跡が色濃く残り、古くからブドウ栽培とワイン造りが行なわれてきた。

ペネデスは三つのサブゾーンに分かれている。「バホ・ペネデス」（地中海沿岸平野部）、「メディオ・ペネデス」（平均海抜二〇〇～四〇〇メートルの中間地帯）、「ペネデス・スペリオル」（平均海抜八〇〇メートルの小高い内陸部）である。

沿岸部の土壌は砂地だが、高度が高くなるにつれて石灰岩が多くなり、全体に水はけは良い。地中海性気候のため、全般的に温暖だが、高地の冬は厳しく、遅霜の危険性もある。

長い間、カバの中心的産地として知られていたが、一九七〇年代、伝統的スタイルのランシオ・タイプ（熟成期間中の酸化や高温の影響を受け、独特の香りが付いたワイン）のワイン造りに将来性がないと見たミゲル・トーレスなど一部の革新的生産者が、新しいスタイルのワイン造りに挑戦を始めた。スペインでもいち早くステンレスタンクや温度調節装置を導入するなど、醸造所の近代化を図り、低温発酵、酵母の改良、オークの新樽発酵・熟成や瓶熟成の重視など、現代醸造学の成果を取り入れた。そして積極的な投資により、高品質なスティルワインの生産が本格化している。

三つのサブゾーンの気候条件に合わせてブドウ栽培をしているため、品種の種類は多い。白は、在来の固有品種であるマカベオ、パレリャーダ（モントネック）、チャレッロ、スビラト・パレントに加え、外来種のシャルドネ、シュナン・ブラン、ゲヴュルツトラミネール、リースリング、ソーヴィニヨン・ブランを栽培。赤は、ガルナッチャ、ウル・デ・リェブレ（テンプラニーリョ）、モナストレル、マスエロ、サムソ（カリニェナ）に加え、外来種のカベルネ・ソーヴィニヨン、カベルネ・フラン、メルロ、ピノ・ノワールも栽培している。

赤、白、ロゼと豊富で、単一品種から造られるものがあるかと思えば、ブレンドされる場合もある。ロゼとヴァラエティは若飲みタイプ、赤ワインはオークの小樽で熟成されるのが一般的である。最近は酸味のいきいきしたフルーティな味が好まれるので、シャルドネ、ピノ・ノワール、チャレッロ、テンプラニーリョの栽培が中心になってきた。シャルドネは上質なわりに値段が手ごろで、人気がある。また、テンプラニーリョとカベルネ・ソーヴィニヨンのブレンドは国際的にも評価が高い。

こうしたモダンな醸造路線とブドウの品種構成をみれば、ペネデスの主力ワインの狙いが国際市場であることは明らかである。確かな品質とスペイン・ワインならではのソフトな果実味、そしてコストパフォーマンスのよさが相まって、その狙いは成功している。この地の代表選手ともいえるミゲル・トーレス社が、カリフォルニアやチリを含めて国際企業にまで成長しているのは、その何よりの証といえるだろう。トーレス社は量産で成功しているだけでなく、「マス・ラ・プラナ」のような逸品も出している。トーレス社以外にも、優れた品質のワインを生産している新顔は続々と現われており、益々楽しみな産地である。

カバ　Cava

スペインのワイン産業の爆発的とまで言えるような大発展の代表格は、スパークリングワインの「カバ」だろう。

第二次大戦直後は数社しかなかったメーカーが現在では約二四三社に増えた。その総生産は年間二億本を超し、世界のスパークリングワインの中では、フランスのシャンパンに次いで第二位。スパークリングワインでも歴史が古いイタリアを抜いて、一大産業として成長した。

世界的なスパークリングワイン・ブームという背景があったものの、成功を収めた理由は、シャンパンに比べて口当りがソフトで飲みやすく、果実味がいきいきとして、楽しく飲めるからであろう。もとはといえば、フィロキセラ禍でリオハが興隆し始めた一八七〇年頃、ペネデスのワイン生産者、ホセ・ラベントスがシャンパーニュ地方へ旅行し、自分のところでも同じようなものができないだろうかと考えたことに始まる。フランスで手に入れた一冊の本を頼りに、地元のブドウを使ったスパークリングワイン造りに取り組んだのだった。

初リリースは、一八七二年、わずか七二〇本だった。それを見て、現在のフレシネ社の創始者、ペドロ・フェラーほか数社も後を追い、イギリス市場で存在を認められるようになった。当初は「スペイン産シャンパン」と名乗っていたが、その人気に危機感を抱いたシャンパーニュ地方の業者が詐称であると訴え、一九五〇年代には訴訟沙汰にまで発展したことがある。一九七〇年から呼称を「カバ」（Cava）に切り替えている。カバとは、カタルーニャ州の言葉で「洞窟」または「地下蔵」を意味する。暗さと一定の低温・湿度を保つことが必要なスパークリングワインが眠る場所を連想させるネーミングである。

現在栽培面積は、三万三〇〇〇ヘクタール、生産量一五万キロリットル。スペインで生産されるカバの九五％がカタルーニャ産で、そのうち八〇％がバルセロナの南西四〇キロにあるサン・サドゥルニ・デ・ノヤ周辺で生産されている。ただし、原産地呼称制度上は、シャンパンと違って、生産地が特定地区に限定されていない。DOで指定された産地は、カタルーニャだけでなく、アラゴン、リオハ、バレンシア州まで含まれている。だから、リオハ産のカバもある。

生産者には、フレシネ社やそれに次ぐコドーニュ社のように世界企業に成長した大メーカーと、同時に、個性的かつ高品質を狙う小家族経営の規模のメーカーが共存している。ブドウ品種の選択やワイン造りの手法など、スタイルもばらばら。これこそカバの味といった統一した基準を確立しているわけではなく、当然玉石混交のきらいはある。

カバの製法は、シャンパンと同じで、瓶内二次発酵。一定の熟成・貯蔵年数を経て生まれる。違いは、ブドウである。本家フランスのシャンパンは、黒のピノ・ノワール、ピノ・ムニエと白のシャルドネを使うが、カバは、スペインの固有品種の白ブドウ、マカベオが主体。同じく白品種のチャレッロ、パレリャーダも使う。ロゼの場合は、主に赤のモナストレルとガルナッチャ・ティンタなどの黒ブドウ品種を白ワインに加えて造るのが一般的。ただし、黒品種のみから造られることもある。現在は白のシャルドネ、黒のピノ・ノワールの使用が認められているので、ブレンドすることもできる。

マカベオ（リオハではビウラ）は、バランスのとれた酸を持ち、フレッシュでフルーティなワインになる。チャレッロはカタルーニャ原産種で糖度に富み、豊かなボディを造る。パレリャーダは、ペネデス高地のもので、これもフレッシュさとフルーティさで溌剌感を出し、ワインに上質感を与える。こうした品種の違いと組み合わせによってどんな個性を出すかがメーカーの腕の見せどころといえる。

カバの発泡性は、シャンパンと同じで瓶内発酵により自然に生まれたものであって、人工的に炭酸ガスを注入したものではない。瓶内貯蔵熟成期間は最低九ヶ月が義務付けられているが、一般的には一年から二年、高級品では三年から四年寝かせる。長く熟成させるほど泡は細かくなり、香りや風味に洗練さを帯びる。二〇〇七年に改定されたワイン法では、「レセルバ」と表示する場合は一五ヶ月以上、「グラン・レセルバ」は三〇ヶ月以上の瓶貯蔵・熟成期間を義務付けている。

なお、カバの味わいの甘辛度は、瓶熟成が終わって出荷する前、瓶内にたまった澱を抜く際に添加する少量のリキュールによって決まる。目安として、一リットル当りの含有糖分量によって、七つのタイプがある。超辛口の「ブルット・ナトゥーレ」（糖分添加をしない、三グラム以下）、極辛口の「エクストラ・ブルット」（六グラム以下）、辛口の「ブルット」（一五グラム以下）、やや辛口の「エクストラ・セコ」（一二〜二〇グラム）、やや甘口の「セコ」（一七〜三五グラム）、甘口の「セミ・セコ」（三三〜五〇グラム）、極甘口の「ドゥルセ」（五〇グラム以上）に分類される。

スペイン国内では、リキュールを全く、あるいはほとんど添加しない超辛口が食前のアペリティフに好まれている。

最後に、スペインのスパークリングワイン造りの技術が世界に貢献した点を記しておく。「ジャイロパレット」という機械の普及である。

シャンパーニュ方式でスパークリングワインを造る時、瓶内二次発酵の際に生じる滓を抜き取るのが難問だった。それを解決したのが、フランスのヴーヴ・クリコ社が開発した動瓶システム（斜めに立てた板の穴に瓶を差し込み、それを揺すって瓶の口に滓を集めて凍らせて抜き取る方法）である。澱をボトルの口に集めるために、ボトルを一本一本、毎日少しだけ回転させる必要があったが、手作業では非常に手間がかかった。この難問を解決するために開発されたのが「ジャイロパレット」である。瓶を二メートル四方位の角型の箱に詰めて、箱ごと機械装置で揺すり、瓶口に滓を集める装置で、スペインのコドーニュ社が開発したのが始まり。現在では、手作業で動瓶作業を行なっているのは極めて高価なタイプを造るところだけで、多くのスパークリングワイン・メーカーに普及している。

プリオラートとモンサン　Priorato & Montsant

プリオラート

バルセロナから海岸沿いに一五〇キロほど南下し、さらに海岸から二〇キロ内陸に入った、モンサン山脈の起伏の激しい丘陵群に囲まれた「プリオラート」。その景観は、ガウディに創作のインスピレーションを与えたといわれている。崖にへばりつくように広がる段々畑でブドウが育てられている。

この地域にブドウを持ち込んだのは、一二世紀に移り住んだカルトゥジオ会の修道士（ケルンのブルーノを創始者とする）で、彼らが建設したスカラ・デイ修道院で造るワインは昔から知られていた。

「プリオラート」は修道院を意味するが、七つの村が修道院で最高位の「Prior」に属していたことに由来するとの説もある。修道院では、ブドウ（ガルナッチャやカリニェナ）の収穫は一〇月からと決められていたため、糖度が増し、一五～一六度というアルコール度数が高く濃厚で頑強な赤ワインが、伝統的に造られていた。だが、時代が下り、急傾斜畑という厳しい自然条件での過酷な労働を嫌って、若者は次々に土地を離れ始める。アルコール度数の高い安価なバルクワインの需要も減り、プリオラートのワイン生産はしばらく衰退の一途をたどるのである。一九世紀終わり、他の地域よりも遅れてフィロキセラ禍に見舞われ、ボデガはほぼ壊滅状態。ブドウ畑は再耕されることなく住民の流出に拍車をかけた。一九〇〇年に州政府が刊行した「カタルーニャ・ワイン一〇〇〇年史」にも言及されていないという惨状であった。

それが、一九八〇年代後半、ルネ・バルビエ、アルバロ・パラシオスなど四人のワイン革命児の出現によって、この地域が急速に脚光を浴び始める。その中心的人物が、「プリオラートのグル（教祖）」とも呼ばれるルネ・バルビエである。曾祖父はコート・デュ・ローヌのジゴンダスでワイン造りをしていたが、フィロキセラ禍でスペインに移り、タラゴナでネゴシアンとして事業を興した。そうした家系に育ったバルビエは、リオハの名門ボデガで働いていたが、たびたび訪れていたプリオラートに潜在的な魅力を感じ、畑の有望性に目を付けていた。一九七九年、数ヘクタールのガルナッチャの畑を買い、移住したのである。当時のプリオラートでは、かつて五〇〇〇ヘクタールあった畑がその一〇分の一余りの六〇〇ヘクタールしか残っていなかった。

バルビエは、熟練した腕を持つ友人にブドウ栽培と醸造技術の革新を呼びかけ、新しいワイン造りに挑戦した。目を付けたのは、まず、「リコレリャ」と呼ばれる粘板岩土壌。降水量は年間わずか四〇〇ミリ以下で、普通なら灌漑が必要なはずだが、この土壌は意外なほど冷たく湿っている。そのためブドウは、わずかな水分と養分を求めて、リコレリャの断層の間に深く根を伸ばす。また、リコレリャは太陽の光を反射して、ブドウの熟度を高める。こうした条件により、収量は著しく低いが、大変凝縮した赤ワインが生まれる。もうひとつ注目したのは、フィロキセラ禍以降に植えられたガルナッチャとカリニェナの古木だった。これら固有品種と国際品種のカベルネ・ソーヴィニヨン、メルロやシラーをブレンドすることで、以前のワインとは全くイメージを異にする、濃厚かつ洗練された新しいスタイルの高品質ワインが造られるようになったのである。

一九八九年ヴィンテージが市場に出回ると、その卓越性は世界のワイン関係者を驚かせた。改革を進めた「四人組」は一躍スター醸造家となり、彼らのあとを追って、南アフリカなどからも入植者が相次いだ。イーベン・セイディ（「テロワール・アル・リミット」のオーナー）は、その一人である。

現在畑は、二〇〇〇ヘクタールに広がり、ボデガ数も七〇に達している。プリオラートには一二の村があるが、谷や岩山で分断され、村ごとに畑の土壌が異なり、ワインの個性も微妙に異なる。そのため、二〇〇九年、「ビノ・デ・ビラ」というカテゴリーが認められた。ブルゴーニュの村名ワインに相当する表示法である。スペインでは初めての試みだが、村名表記は、他の地区にも広がる可能性がある。

また、二〇〇九年、リオハと並んでスペインでただ二つだけのＤＯＣａ（特選原産地呼称）に昇格した。プリオラートは、生産者も少ない関係で、高値を生むスペイン・ワインのエース的な存在のひとつになっている。現在の栽培面積約一九〇〇ヘクタール、年間生産量は約九五〇〇キロリットル。

モンサン

カタルーニャ州には、小規模ながら魅力的なＤＯが集まっている。プリオラートを取り囲むようにして広がる「モンサン」も忘れられない存在だ。現在の栽培面積約一九〇〇ヘクタール、年間生産量約一七〇〇キロリットル。

以前は「タラゴナ」のサブリージョンだったファルセットが、二〇〇二年に独立して生まれた。地中海から山間部に三〇キロほど入ったところで、地中海からの影響を受けながらも夏暑く冬寒い内陸性の気候である。プリオラートほどはっきり特徴のある土壌には恵まれていないが、世界的なワイン商クリストファー・カナンがルネ・バルビエと組んで造っているガルナッチャ主体の赤が注目されている。

タラゴナとテラ・アルタ　Tarragona & Terra Alta

カタルーニャ州で、北の代表格が「ペネデス」とすれば、南の代表格は「タラゴナ」である。従来はプリオラートとモンサンも、タラゴナの一部であった。

地中海沿岸のタラゴナは、紀元前三世紀にローマ人によって築かれ、三〇〇年間、ローマ属州の州都になった。水深が深く、漁獲量が多い漁港が魅力的だったのだ。ローマ統治時代は「タラーコ」と呼ばれ、一〇〇万もの人口を有するイベリア半島最大の植民都市として栄え、アンダルシアのマラガと並んでワイン供給地としても知られた。ローマの詩人、ヴェルギリウスは、タラゴナを「この上なく快適な憩いの土地」と記した。街には、神殿や競技場、野外劇場、広場などが点在し、ローマ時代の面影が色濃く残る。こうした歴史もあり、地中海沿いの平地では、今でも酒質が重い甘口赤ワインを量産している。値段が安いため「貧乏人ポート」と呼ばれて、イギリスで人気があった。長期熟成ものは、ランシオ香を帯びる。

カタルーニャとしては最南端、アラゴン州と隣接する内陸部で、タラゴナの南西奥に位置するのが「テラ・アルタ」。地中海性気候だが、内陸性も帯び、昼夜の寒暖差が大きい。石灰岩と粘土質で、土壌的にも名醸地のプリオラートに近い。ワインは手頃な価格が大きな利点である。

在来のガルナッチャ・ブランカから造る白ワインが主力。ガルナッチャの赤もある。ペネデスの大手生産者にバルク売りをしているボデガが多いが、「セリェール・ピニョル」のように、自社畑で有機栽培を実践し、高品質ワインを産み出しているところもある。酸がきれいでスパイシーな在来種、モレニーリョの復活も着目されている。

バルセロナ以北と西方

上述したように、カタルーニャでは、ペネデスとタラゴナが代表的ワインで、それに出色のプリオラートが有名である。しかしカタルーニャには、その他にあまり知られていない小地区が五つある。バルセロナとフランス国境との間には、「エンポルダ」「プラ・デ・バジェス」「アレーリャ」の三つのDOがある。また、バルセロナの西に「コンカ・デ・バルベラ」の小地区と、そのさらに西にやや分散した形で「コステルス・デル・セグレ」地区がある。

「エンポルダ」は、カタルーニャ州最北端のフランス国境沿いにある。海抜二〇〇メートル近くまでブドウ畑が広がる。土壌の基盤は石灰岩で水はけはいい。地中海性気候だが、冷たい北風が気温を和らげている。かつてはカリニェナを使った観光客向けのロゼ中心の地区だったが、最近はモダンな赤と白で注目されている。

バルセロナから西の内陸に向かう海抜二〇〇~五〇〇メートルの平坦な土地が、「プラ・デ・バジェス」。奇岩に抱かれたベネディクト派の修道院が建つキリスト教の聖地モンセラットのさらにその内陸に位置する。標高が高いところは泥灰や石灰岩の土壌。従来は、土着品種のピカポル（フランス、ラングドック地方のピクプール）を使った白ワインのピカポル・ブランコの産地だったが、最近ではカベルネ・ソーヴィニヨンやシャルドネの栽培も進み、赤ワインで注目されている。

バルセロナ北東の海岸沿いの地区が「アレーリャ」で、海抜は六〇~三五〇メートル。下層は石灰岩で、その上に砂質の表土が覆っている。早飲みのワインで知られていたが、最近はチャレッロを使った軽快な白ワインで人気が上昇中である。

バルセロナの西の内陸部奥、プリオラートの東側に、「コンカ・デ・バルベラ」地区がある。「コンカ」はカタルーニャ語で窪地を意味し、その名の通り周囲は山脈に取り巻かれており、そのため冷風や霜から守られている。海抜は三〇〇~七〇〇メートルで、全体的に涼しい。土壌は、石灰岩の基盤を白亜質の表土が覆っている。かつてはカバのベースワインの供給地だったが、パレリャーダ一〇〇%から香りに特徴のある辛口の白ワインやガルナッチャとウル・デ・リェブレ（テンプラニーリヨ）から造られるクリアンサが注目されている。

「コンカ・デ・バルベラ」の北西側の内陸部奥に、運河の大規模開発により生まれた「コステルス・デル・セグレ」地区が控えている。といっても、ひとつにまとまった地区ではなく、飛び地が点在している。ピレネー山脈から南西に流れるセグレ川は下流でエブロ河と合流する。その流域のリェイダ市を中心に、ガルナッチャやマカベオの古木があるレス・ガリゲスをはじめ、七つのサブゾーンがまとまってDOを形成する。土壌は石灰岩を覆う砂質。雨は少ない。カバのコドーニュ社のオーナーは、二〇世紀初めにこの地に注目して進出、中世の時代に建造されたシャトーとその周辺の約三〇〇〇ヘクタールに及ぶ砂漠同然の土地を買収してライマット社を設立した。ちなみに、「ライマット」は、中世にこの地に建てられた城の紋章が「ブドウの房」と「手」であったことに由来し、この二つの単語のカタルーニャ語を組み合わせた造語である。現在スペインを代表するテンプラニーリョを初めて商品化したほか、早くから国際品種を積極的に導入している。カリフォルニア大学デイヴィス校と共同研究を行ない、シャルドネやカベルネ・ソーヴィニヨンを使った高品質ワインが登場している。スペイン・ワインの技術革新最前線の地のひとつといえる。

いずれの地区も、固有種と外来種を栽培して、それぞれの長所をうまく組み合わせた新スタイルのワインを造り出すようになってきた。また、カタルーニャ地方に点在する原産地呼称以外の各産地をカバーするため、二〇〇一年には、「DOカタルーニャ」が新たに誕生している。

Ⅲ　スペイン北部　中央東部地区
（アラゴン ARAGÓN）

アラゴン地方はスペイン北部、カタルーニャの西側内陸部で、さらに西側になるナバーラと旧カスティーリャにはさまれた形になっている。現在スペインの経済・政治に大きな比重を持たないが、中世では王国を形成し、レコンキスタ（国土回復運動）の東部の中心だった。カタルーニャを併合してアラゴン連合王国になり、地中海に勢力を拡げた。そればかりでなく南フランスにまで領土を拡げた時代もあった。一四六九年にアラゴンのフェルナンド王子が、カスティーリャのイサベル王女と結婚して始めて統一スペイン王国が誕生したと同時にアラゴンはひとつの地方として政治的比重を失ったのである。

地理的にみるとアラゴン州はスペイン北東部、ピレネー山脈とイベリコ山系の間に位置し、北はフランス、東はカタルーニャ、南はバレンシア、西はカスティーリャ・ラ・マンチャ、カスティーリャ・イ・レオン、ラ・リオハ、ナバーラの各州と接している。サラゴサは、マドリッドとバルセロナのほぼ中間に位置するスペインの第五の都市。この町の歴史は古く、紀元前のローマ時代まで遡る。イスラムに支配されたが、一一一八年にアルフォンソ一世によって奪回されアラゴンの首都になった。

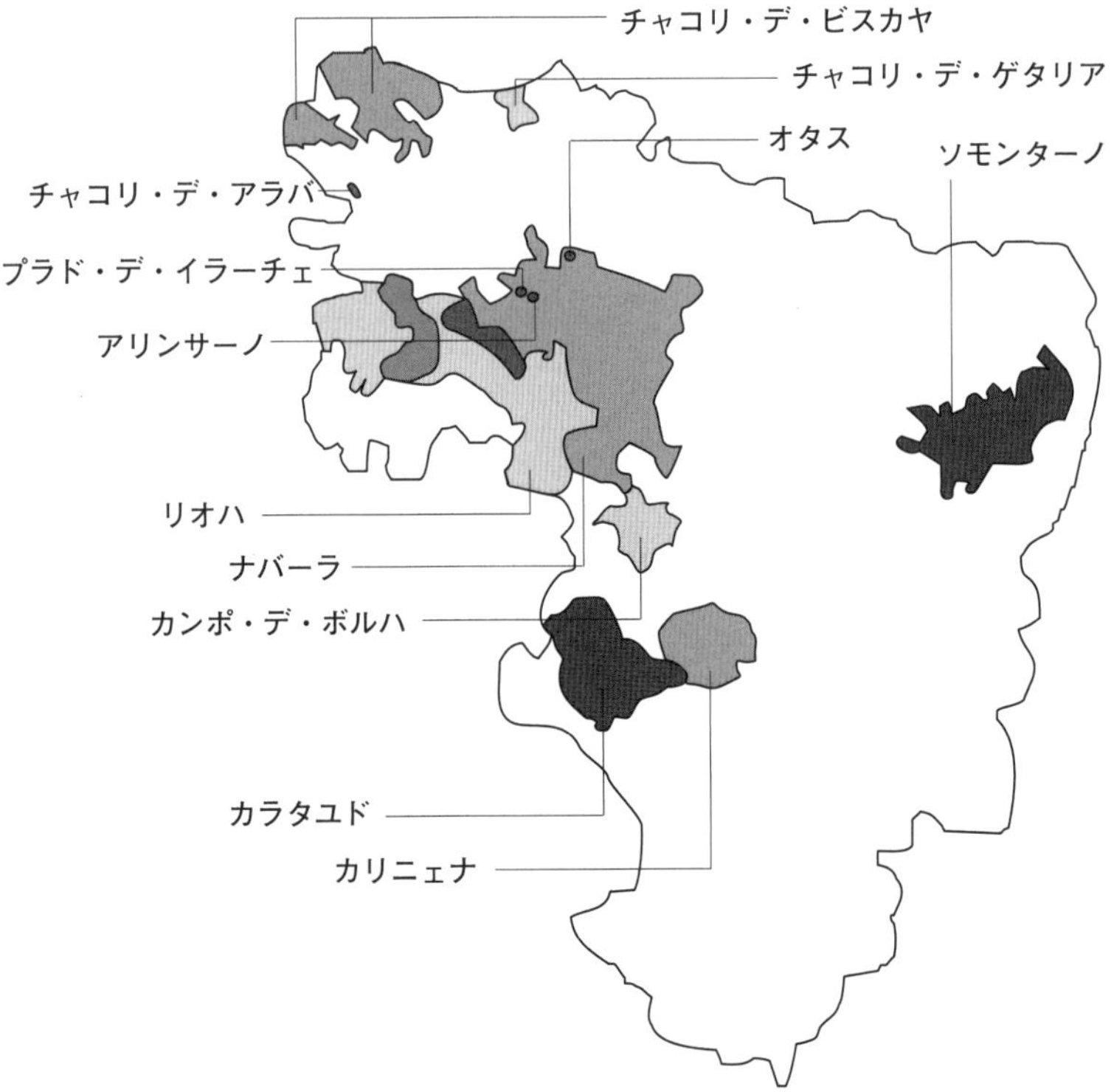

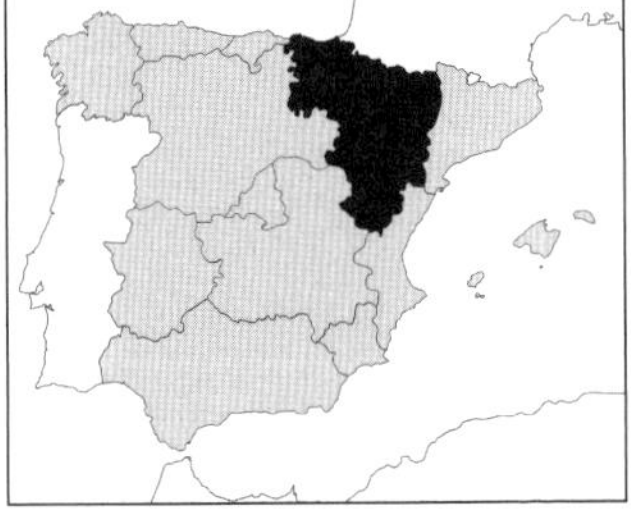

スペイン北部
中央東部・中央北部地区

全スペインの守護聖母ピラールを祀る教会があり、スペインにおける聖母信仰の中心地になっている。北部はピレネー山脈の景観がとても美しい。リオハから流れてるエブロ河がアラゴンの中央部を貫いて地中海へ向って流れている関係もあって水が豊かである。だがその地勢も南に下ると一変し、砂漠地帯となる。この地勢の多様性がアラゴンのワインの多様性にも反映している。

この地方のブドウ栽培の歴史は古いが、一九世紀当時のアラゴンのワイン産地と言えばサラゴサの南の「カリニェナ」くらいだった。ただその畑のブドウはフランス国境を越えて広がり、今ではフランスでカリニャンと呼ばれるが、南仏で広く栽培されていた。アラゴンのワインはスペイン・ワインの発展の中で少し遅れを取っていたが、改革の先駆けとなったソモンターノで世界的なワインに引けを取らないものが出来るようになり、また、そのほかのエリアからも優れたワインが産出されるようになった。

現在アラゴン州に四つのDOがあるが、まとまっていなくて分散しているためアラゴン・ワイン全体の知名度が上がっていない。最大で名前が通っているのが北東部でカタルーニャに近い「ソモンターノ」。次に重要なのが二つのDOで、サラゴサの南西部にある古くからの「カリニェナ」と、その西に隣接している「カラタユド」。サラゴサの西で飛び地のようになっていて、アラゴンと言ってもナバーラのように誤解されるのが、「カンポ・デ・ボルハ」の小地区である。

ソモンターノ　Somontano

「ソモンターノ」とは山の麓という意味。アラゴン州北部のピレネー山脈の麓に広がる一帯。行政上このあたりはウエスカ県になり、県都はウエスカ市だがワイン産地はウエスカ市の東に広がっており、その中心都市はバルバストロ市である。フランスとの国境から八〇キロのところで、雪を冠したピレネーの素晴らしい景観を望むことができる。バルバストロは中世の宗教的儀式の拠点となったこともあり、コルテスと呼ばれる僧職、貴族、都市代表から成る身分制議会が度々開かれた歴史的由緒のある都市である。一六世紀のゴシック建築のカテドラルなどにその名残を見ることができる。周辺に広がるブドウ畑の海抜は北の高いところで六五〇メートル、南端の低いところは三五〇メートルで、全体が南向きのなだらかな傾斜になっている。花崗岩の岩だらけの土地に野菜やアーモンドの畑とともに段々に広がっている。土壌は砂岩と粘土質で炭酸カルシウムを多く含んでいる。大陸性気候で夏は四〇度位まで気温が上がり、非常に乾燥する。冬場は一〇度前後でピレネーが冷たい北風を遮るので比較的過ごしやすいが、時に雹や霰に悩まされる。年間降水量は五五〇ミリと中央スペイン台地よりはかなり多い（冬にまとまった雨がある）。日照時間は二七〇〇時間。

以前はほとんど知られていないワイン産地だったが、一九八八年に原産地呼称が認められてからにわかに活気づいた。ワイン造りの中心は古い協同組合から新しいワイナリーへと移り、州内からの投資で最新の設備や技術が導入された。またスペイン固有の土着品種に加えて外来の国際品種の栽培も盛んに行なわれ、そのバラエティの豊富さとモダンな味わいから、スペインの中のニューワールドと海外からの評価と賞讃を得るようになった。もともと栽培されていたのは、地元品種のモリステル、ガルナッチャ・ティント、ビウラ、パレリャーダ、アルカニョンなどだが、そこにテンプラニーリョに加えて外来品種のカベルネ・ソーヴィニヨン、メルロ、ピノ・ノワール、シャルドネ、シュナン・

ブラン、ゲヴュルツトラミネールなどが植えられ多種多彩になった。ブドウの栽培面積は一九九〇年代から倍以上に増え、現在は四七五〇ヘクタールに達している。主なボデガは、ビーニャス・デル・ベロ社、協同組合ピリネオス社のエナーテ、ボデガス・ラウスなど。

カリニェナ　Cariñena

リオハから流れて来てアラゴン州の中央を突っ切り地中海へ注ぐエブロ河の河岸にアラゴンの首都サラゴサがある。その南西に位置するのが「カリニェナ」地区で、このDO地区の西側に隣接するのがDO「カラタユド」（カラタユー）になる。このカリニェナの中央を流れるのはエブロ河の支流ハロン川である。

ブドウ畑は美しい田園の平野部とイベリコ山系アルガイレン山の麓の小さな丘陵地帯に連なり、標高は四〇〇〜八〇〇メートルである。大陸性気候で夏は四〇度近くまで気温が上がるが、冬は零下八度くらいまで下がり、雪も降る。比較的乾燥しており、年間の降水量は三〇〇〜三五〇ミリと少なく、日照量は年間二八〇〇時間。旱魃と雹や霰がしばしば障害となる。土壌は黄土色の石灰岩にスレートが混じっており、ところどころに沖積土壌も見られる。この土地名が名前になったブドウ品種カリニェナ（アラゴンとカタルーニャ以外のスペインではマスエロと呼ばれ、フランスではカリニャンになる）はこの地方が原産（DO名も同じなので他の産地のラベルにこの品種名を表示することは禁止されている）。ただ、フィロキセラの害もあり、現在栽培の中心はガルナッチャ種になっている。そのほか、テンプラニーリョやモナストレルに加え、カベルネ・ソーヴィニヨンやメルロのような外来種も栽培されている。以前はアルコール度数が高く（特に赤ワインは一八度を超えるものも）、パワフルなワインの産地として知られていたが、今では洗練されたワイン造りへと変貌を遂げている。また赤ワインは若飲みが主流だったが、最近では熟成させる傾向にある。少量だがランシオも造られている。代表的なボデガは、グランデス・ビノス・イ・ビニェードス、ソラール・デ・ウルベソなど。

カラタユド　Calatayud

アラゴン州のカリニェナの西隣りのカラタユドは、サラゴサ市の西南にあり、ナバーラと隣接するカンポ・デ・ボルハの南になる。産地の真ん中を二分するように、バルセロナからマドリッドへと続く高速道路が走っている。イベリコ山系の標高九〇〇メートルの高地にあるこの産地は二〇〇〇年以上のブドウ栽培の歴史を持つ。かつてはイスラム教徒の要塞があり、カラタユドの名はその城のひとつに由来する。大陸性気候で、夏は風の影響で二四度位までにしかならないが、冬は二度から六度まで下り、霜のリスクが付いて回る。いくつもの微小気候があり、降水量はところにより三〇〇ミリから五五〇ミリと幅がある。日照は二八〇〇時間。茶色く緩い土壌が石ころと石膏の基盤の上に広がっている。それに加えエブロ河に流れ込むいくつもの支流によって堆積した土壌が入り混じっている。ブドウはガルナッチャが五四％と最も多いが、テンプラニーリョの栽培も奨励されている。その他マスエロ、モナストレル、白ブドウではマルバシア、ビウラがある。最近では外来種のカベルネ・ソーヴィニヨン、シラー、シャルドネなども植えられている。かつては若飲みでフランス向けのテーブルワインとしてバルクで輸出されたり、バルでのガブ飲み用ワインを協同組合が造っていた。一九九〇年に原産地呼称に認定されて以来状況は一変し、質の高い白ワインと赤のレセルバが生み出されている。白とロゼは若飲みタイプだが、赤ワインは重厚で伝統的なスタイルが中心。主な生産者はボデガス・アテカ、ボデガス・ランガ、ボデガス・サン・アレハンドロ、エル・エスコセス・ボランテなど。

カンポ・デ・ボルハ　Campo de Borja

「カンポ・デ・ボルハ」はこの州の他のDOと離れていてナバーラ州とアラゴン州の州境にある。しかし行政上はサラゴサ県に入る。「ボルハ家の土地」という名は、何人かの法王を輩出した名門ボルハ家の所有地であったことを表わしている。ブドウ畑は標高三〇〇～七〇〇メートルにあり、エブロ河の右岸から、イベリコ山系の美しいモンカヨ山の裾野に広がっている。この地域には一二世紀の僧院があり、現在はワインミュージアムになっている。また、最近ボルハの名を世界中に知らしめたのは「失敗した修復画」である。二〇一二年に八〇代の女性が教会の許可無しにイエス・キリストのフレスコ画を修復し、猿の顔のようになってしまった酷い画像がインターネットで世界中に広がってしまったのである。

大陸性気候で夏は非常に乾燥し、気温は四〇度位まで上がる。冬場の寒さも厳しく気温は零度以下になることもある。「シエルソ」と呼ばれるピレネー山脈からの乾いた冷たい北風が吹き、それが時に春まで残る霜を呼ぶ。土壌は山から流出した石ころ混じりの砂岩と石灰岩質で、水はけは良い。栽培されているブドウは四分の三がガルナッチャで、株仕立ての古木も多く見られ、しっかりとしたボディと高いアルコール度の、果汁感のあるワインが造られている。また輸出向けには樽をしっかりと使った濃厚なワインも産み出されている。ガルナッチャのワインは若飲みが多いが、熟成タイプはテンプラニーリョから造られ、カベルネ・ソーヴィニヨンがブレンドされることもある。またマスエロやシラー、メルロなども栽培されている。赤ワインとロゼが有名な地域だが、マカベオなどからの白ワインも造られている。一九九一年に原産地呼称が認定された。代表的なボデガにボルサオがある。

Ⅳ　スペイン北部　中央
（リオハとナバーラ RIOJA & NAVARRA）

リオハ　Rioja

「リオハ」はスペインを代表する産地である。オーク樽でじっくりと熟成されるテンプラニーリョを中心とする赤ワインは、口当りの良さ、果実味、バランス、熟成感などで世界屈指の赤ワインのひとつとして賞賛されてきた。今日、リオハを過去の栄光を誇る産地になってしまったと見る向きもある。確かに現在スペイン各地の発展はめざましく、そのためリオハの突出度が以前より目立たなくなったきらいはある。しかし決してそう単純に速断できるものでない。この歴史ある産地は現在も進化し続けているし、新しい胎動の高まりも見逃せない。スペインで、そして世界でも注目されている産地であり、紆余曲折を経て様々な顔を持つ。伝統と革新、クラシコとモデルノが交錯する一筋縄ではいかない魅力を持ち続けている。

リオハは、地理的位置でみるとスペインの北部中央やや東より、首都マドリッドの北北東約二五〇

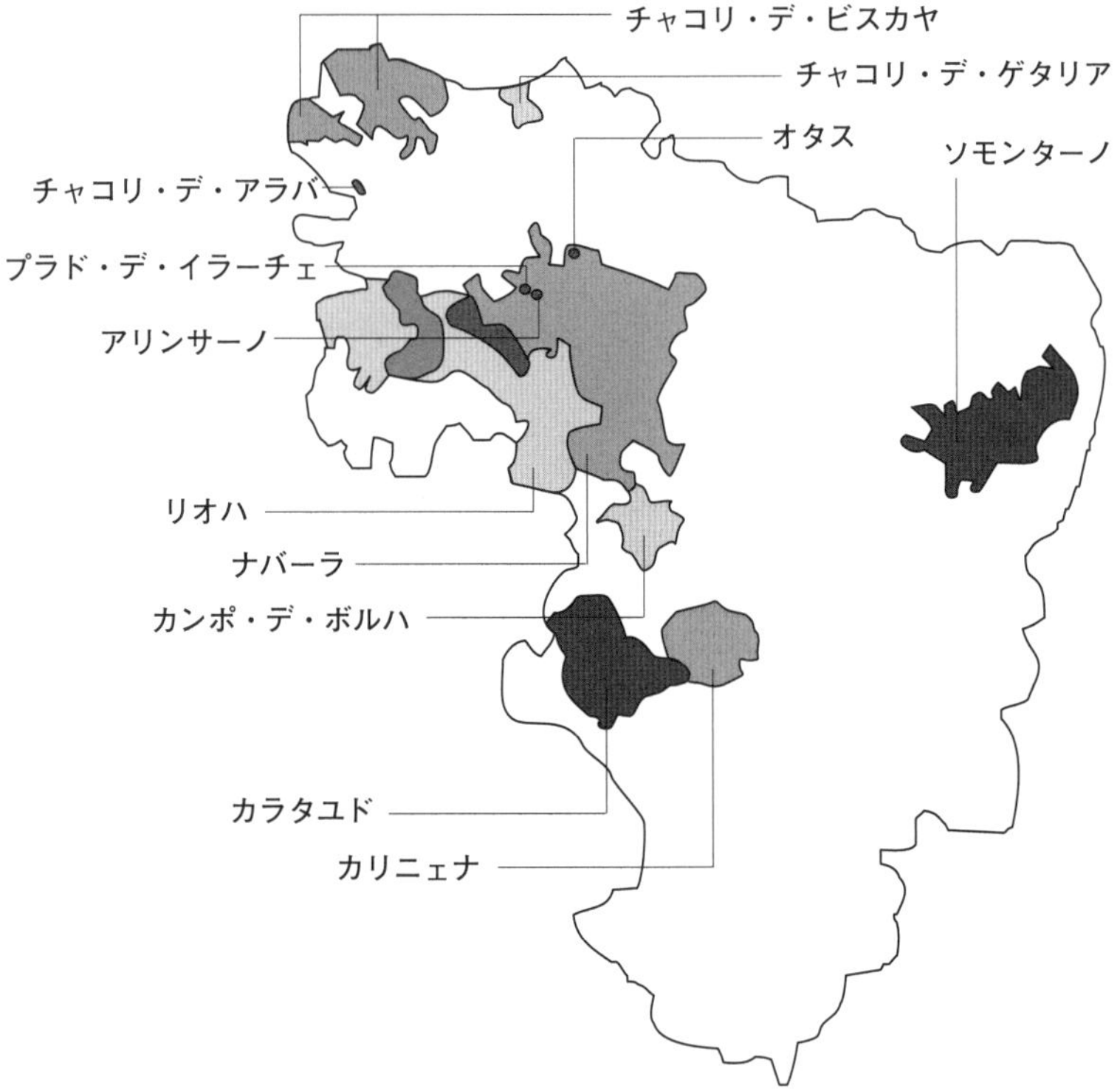

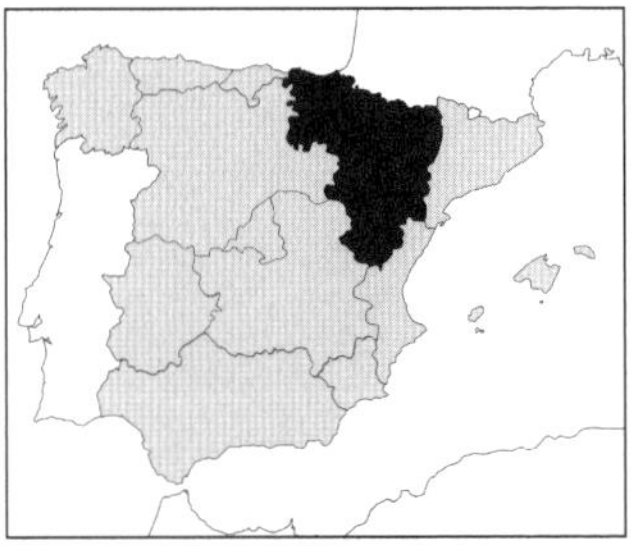

スペイン北部
中央東部・中央北部地区

キロの地点で、スペイン国土を牛の頭の形に例えるとちょうど額の辺りになる。ラ・リオハ州、バスク州アラバ県、ナバーラ州の三つの州にまたがっていて、東の地中海から遡《さかのぼ》ってくるエブロ河の上流とその支流オハ川の沿岸一帯に広がる東西一〇〇キロ、南北四〇キロの産地である。リオハの名はオハ川（リオ・オハ）に由来している。

北緯四二・四五度に位置し、ブドウ畑の標高は三〇〇～七〇〇メートル。生育期の平均気温は一八・二℃で、年間の平均降水量は四〇五ミリ。西の大西洋と東からの暖かい風の影響を受けている。エブロ河が粘土と石灰岩の多い沖積谷を流れながら作りだす気象条件は独特なものになっている。南西にあるデマンダ山脈が中央高地からの過酷な夏の熱波を遮り、北にそびえるカンタブリア山脈がビスケー湾から吹き寄せる冷たい北西風から守っている。四季を通じて平均して雨に恵まれるため、夏の暑さは厳しくなく、冬も穏やかな気候が特徴である。

リオハが今日のような銘醸地になったのにはいくつかの要因がある。リオハのワイン造りの歴史はローマによる征服以前に遡る（ログローニョ近くで見つかったローマ時代の遺跡からブドウ栽培の痕跡が見つかっている）。そして大きな発展を見せたのは一九世紀の後半である。

一八五〇年代～六〇年代にフランスのワイン産地はフィロキセラとウドンコ病により大きな被害を受けたが、ボルドーの被害は特にひどく、壊滅的だった。ボルドーのワイン商達は、比較的近くて、さほど被害を受けていないリオハに目を付け、代替品となるワインの買いつけに来た。これがリオハの大転期となった。その背景にはスペインの貴族達とボルドーとの以前からの交流があった。リスカル侯爵は、当時政治的な理由からボルドーに亡命をしていたので、彼がボルドーのワイン造りの技術をリオハに伝えた。ボルドー商人達の好みのワインを造るため、リオハではボルドーの醸造技術を取り入れたワイン造りをするようになった。リスカル侯爵（マルケス・デ・リスカル）とムリエタ侯爵（マルケス・デ・ムリエタ）のワインは有望と判断されたので、一八六〇年代という早い時期からボデガが設立された。リオハで最も古いボデガであるマルケス・ド・ムリエタの方は一八五二年の誕生。その後一八九〇年代にかけて次々と新しいボデガが生まれていった。またボルドーで畑を失ったブドウ栽培者の中には、リオハに移住しこの地でブドウ畑を開き、栽培を続けた人々もいた。

ボルドーから伝わった技術とは、除梗、大きな木製発酵槽での発酵、小樽での熟成、澱引き、卵白を使用する清澄、などで、それ以前のスペインでは一般的には行なわれていなかった。それまでスペインでは伝統的に主にアメリカンオークの大樽で発酵、熟成が行なわれていたので、小樽の使用は革新的で、それ以降のワイン造りに大きな影響を与えた。

スペインでは鉄道がなかった一九世紀半ばまで内陸部の輸送手段は馬やロバによる荷車に頼っていた。そのため輸送量は限られコストも高くつき、また保存技術も未熟だったのでワインは流通に耐えられず、地元消費が中心で商業的には発展しなかった。一八四八年にバルセロナ・マタロ間に鉄道が開通してから一九世紀半ばまでにスペインのほぼ全土に鉄道が敷かれた。これによって輸送コストとスピードに大きな変革が起こり、ワイン産業にも大きな影響を及ぼした。それ以前は大西洋からも地中海からも遠く離れたリオハは他の内陸部の産地と同様に馬車や荷車と言った前近代的な輸送手段に依存してため、ワインの出荷先も近隣のバスク地方や北部のカンタブリア地方などに限られていた。一八六三年リオハの中心地アロからビルバオ（バスクの中心地）まで鉄道が開通し、さらに翌年マドリッドからフランスとの国境の町イルンへと抜ける幹線とつながったことで、リオハのワインはスペインの各都市へ流通するようになった。
一九三〇年代から続いていたフランコ将軍の独裁政治体制の間、スペインは鎖国同然の状態だった。その後一九七〇年代に将軍の体制が終焉すると、国の開放政策が始まった。その結果、海外からは様々な情報が流入し、投資も受け入れるようになり、それらがワイン造りにも影響を及ぼした。白ワインにおいては、温度制御付きのステンレスタンクの導入や、短めの熟成の技術などによって、フレッシュなワインが出来るようになった。一九八〇年代後半、従来の伝統的スタイルに対して、フレンチオークの新樽を使うモダンスタイルが登場、話題となったが、近年ではそうした新樽率過剰の濃縮したワインから、酸味のあるエレガントなワインにまた戻りつつある傾向にある。

リオハのブドウ栽培面積は六万三〇〇〇ヘクタール。そのうちの約七八%をスペインの固有品種であるテンプラニーリョが占める。ワインの生産量は豊作の年で約二五万キロリットル。そのうちの約九〇%を赤ワインが占める。この産地には約一万七〇〇〇軒以上のブドウ栽培農家があり、ボデガは約八〇〇軒ある。リオハのワインはその優れた品質基準と生産管理により、一九九一年にＤＯＣａ（特選原産地呼称）に認められた第一号となった。

リオハには、それぞれの地理的条件とワインの違いから三つのサブリージョンがある。エブロ河最上流のリオハ・アルタ地区、エブロ河左岸のアラバ県地域のリオハ・アラベサ地区と、エブロ河下流地域のリオハ・バハ地区である。

リオハ・アルタ地区：エブロ河の右岸と左岸の一角にあり、起伏が多く、鉄分の多い粘土質や沖積土の土壌。気温は低く、雨量も多い。ワインはボディとコクと豊富な酸があり、熟成に向く上質の赤ワインが造られる。

リオハ・アラベサ地区：エブロ河の左岸、バスク州に属するアラバ県にある地区で、ブドウ畑は南向きの高い斜面にある。土壌は粘土質と石灰岩。色が濃く、香りが豊かで果実味が豊かな、若飲みタイプから熟成向きタイプまでの赤ワインが造られる。ここも気温が低く雨量が多い。ここはバスク人の土地であり、文字通りの別国。独自の言語と警察隊を持つ。優遇税制措置もありこの地区はボデガ新設の機運が盛り上がっている。

リオハ・バハ地区：リオハの中心部ログローニョの東側にある地区で、エブロ河の両岸にあり、ナバーラ州の町村も含まれる。山脈から遠ざかるため、そのほとんどは平地。地中海性気候の影響を受けるため高温で乾燥した気候。アルコール度の高いロゼと赤ワインが造られている。

リオハのブドウ品種をみると、黒ブドウは、テンプラニーリョ、ガルナッチャ、マスエロ（カリニャン）、グラシアーノの四品種が従来認定されていたが、二〇〇七年に絶滅しかかっていたマトゥラナ・ティンタ、マトゥラナ・パルダ、そしてモナステル（ムールヴェードル）が認められた。白ブドウは、ビウラ（マカベオ）、ガルナッチャ・ブランカ、マルバシアの三種類が従来認定されていたが、同じく二〇〇七年に、シャルドネ、ソーヴィニヨン・ブラン、ベルデホ、さらにマトゥラナ・ブランカ、テンプラニーリョ・ブランコ、トロンテスが追加承認された。

現在のリオハ・ワインのスタイルについていえば、味わいの変遷がある。つまりクラシコとモデルノへの流れと両者の対立である。

リオハのワインの特徴は樽の扱いの巧さにあると言われる。一九世紀半ばにボルドーと親交のあったリスカル侯爵がオークの小樽による熟成方法を導入し、それが定着したため優れたワインが生まれることになった。リオハには一二〇万個のオーク樽があるが伝統的にはアメリカンオークで、長期熟成をさせてきた。一九八〇年代に始まったモダンなリオハ・ワインへの革新では、フレンチオークの小樽と熟成期間の短縮により、果実味と骨格を生かしたまま瓶熟させるタイプが見られるようになった。白ワインにおいては、伝統的には小樽熟成をするものが主流だったが、醸造技術の近代化により樽を使わないフレッシュ&フルーティなタイプが生まれた。革新が進む一方で伝統的なスタイルにこだわる生産者もおり、伝統と革新（クラシコとモデルノ）両方のスタイルが共存しており、それがまたリオハの魅力にもなっている。前述したように最新の潮流としては濃厚で樽過剰なモダンスタイルからエレガントな方向への回帰も見られる。

リオハ・ワインについては、熟成期間がことに重要である。リオハの、特に赤ワインのレセルバやグラン・レセルバなど熟成期間の長いものは購入時に既に円熟した味わいと高い香り、エレガントな飲みごろのものが特徴になっている。熟成感がよく出ているにも拘らずコストパフォーマンスが高い点が世界的に注目されている。スペイン・ワイン全体に共通の保護原産地呼称ワイン（ＤＯＰ）の中の非スパークリングワインについて「熟成」に関する規定があるが、リオハでは独自にさらにそれよりも長い熟成期間を特に次のように定めている。

ビノ・ホーベン（Vino Joven）：樽熟成させていない若飲みタイプのワイン。

クリアンサ（Crianza）：赤ワインは二年間樽と瓶で熟成。そのうち樽熟成期間は最低一年（通常は六ヶ月）。白とロゼワインは樽と瓶で一八ヶ月熟成、そのうち樽熟成は六ヶ月以上。

レセルバ（Reserva）：赤ワインは樽と瓶で三年熟成、そのうち樽熟成は最低一年。白とロゼワインは樽と瓶で合計二年以上熟成、そのうち樽熟成は六ヶ月以上。

グラン・レセルバ（Gran Reserva）：赤ワインは樽と瓶で五年以上熟成、そのうち樽熟成は最低二年以上（通常は一八ヶ月）。白とロゼワインは樽と瓶で最低四年熟成、そのうち最低一年以上は樽熟成。

金の網で包まれたリオハ・ワイン

最近あまり見かけなくなったが、少し前までは金色の網で包まれたリオハ・ワインが数多く出回っていた。メドック式リオハ・ワインの先駆者的存在であったリスカル侯爵のワインが人気となって良く売れた際に横行した偽物との差別化を図るためである。当時の偽物は本物のボトルを入手して中身を入れ替えて売っていたので、その対策としてボトルに網をかけ、封印をして売るようになった。これがリオハ・ワインのシンボルや伝統となり、その後リオハ以外の地域でも特にレセルバやグラン・レセルバなど高品質なボトルを網で包むことが多くなった。

なお、「リオハ」については主要生産者を家族の写真入りで詳しく紹介した楽しい本『スペイン・リオハ&北西部』（ヘスス・バルキン他著、大狩洋監修、大田直子訳、ガイアブックス刊）が日本で訳出されている。

ナバーラ　Navarra

DOナバーラは、スペイン北部、フランスとの国境近くに位置する。バスク語で「山々に囲まれた平原」が名前の由来だったようにピレネー山脈からなだらかに広がる緑の平原がエブロ河沿いまで続いている。中心都市のパンプローナは、ヘミングウェイの長篇小説『日はまた昇る』の舞台となった町で、小説にも登場する「サン・フェルミン」と呼ばれる牛追い祭りとともに世界中にその名が知られるようになった。古くからサンティアゴ・デ・コンポステラを目指す巡礼者の往来が多く、文化の交流地であった。一六世紀に日本にキリスト教を伝えたフランシスコ・ザビエルはパンプローナの出身である。

リオハに隣接していることから、リオハの弟分、あるいはリオハの陰に隠れて来た存在、と称されることもある。かつてはロゼワインの産地として知られていたが、一九八〇年代に国際品種を積極的に導入し、ワインの国際化を図った。現在は土着品種への回帰も見られ、両者のブレンドもひとつのスタイルとなっている。また三つの「ビノス・デ・パゴ」（VP、単一ブドウ畑限定高級ワイン）がナバーラにあり、その品質が注目を集めている。地勢や土壌、気候の多様さから、ワインも各地域で多様性に富んでいる。

DOナバーラのブドウ栽培地はピレネー山脈の麓、北はパンプローナ周辺から南はエブロ河沿いの平野まで一〇〇キロ以上に及ぶ。行政区分はナバーラ州、ナバーラ県。地勢と気候で言えば、ピレネー山脈、ビスケー湾、そしてエブロ渓谷のそれぞれからの影響により、北は海洋性、中央部は地中海性、南部は大陸性気候となっている。厳しい冬にはピレネーからの冷たい風が吹き、山がちな北部は降水量が多い。南に行くにつれて土地がなだらかになり、平野部は夏暑く乾燥する。春と秋は比較的温暖。年間降水量は五〇〇ミリ。エブロ河とその三つの支流、エガ川、アルガ川、アラゴン川の周りにブドウ畑が広がっている。

ナバーラのワイン造りは古代ローマ時代にまで遡る。当時は大規模な農園があり、ブドウ栽培、ワイン生産も盛んに行なわれていた。古代ローマ帝国が崩壊後、中世にはナバーラがサンティアゴ巡礼路にあることからワイン造りが重要視され、ブドウ畑の再生作業や、新たな品種の導入も行なわれた。また一五一二年まで約一二〇〇年間に渡って独立を維持したナバーラ王国の存在はワイン造りにも大きな影響を与えた。ナバーラ王国はパンプローナより興り、領土はピレネー山脈の両側に渡り、リオハ地方から南仏にまで広がっていた。その経済的影響はフランスのアキテーヌ地方（ボルドー）にまで及び、またフランスの名門貴族や王家が支配をしていた。その最初の王となったのがシャンパーニュ伯で、フランスよりブドウの苗木や技術者を導入した。このようにフランスの影響が大きかったこともあり、ナバーラではカベルネ・ソーヴィニヨンやメルロなどのフランス系品種が既に栽培されていたし、そのほか多くの土着品種も栽培されていた。しかし一八九〇年代にフィロキセラに襲われるとブドウ畑は一〇年間で五万ヘクタールから七〇〇ヘクタールへ激減し、多くの品種が壊滅した。二〇世紀に入って再植が奨励されたのは、生育が容易で収量が多いガルナッチャだったので、一時はガルナッチャ一辺倒、そこから造られるロゼの産地とみなされていた。一九二〇年代には協同組合が急増してワインの均質化が進み、バルクワインやブレンド用ワインがさかんに造られた。一九三三年には原産地呼称「DOナバーラ」が認定された。一九七〇年代にはリオハに倣ってテンプラニーリョが数多く植えられるようになった。一九八〇年代に入ると「ナバーラ ブドウ栽培・醸造研究所」やブドウ栽培の学校が設立された。この時期になると国際的なワインを目指すため欧州系品種再導入の機運が高まり、ガルナッチャの古木は引き抜かれ、そこにカベルネ・ソーヴィニヨン、メルロ、シャルドネなどが植えられた。しかし国際品種だけでは新世界のワインとの競争において必ずしも有利ではないので、今はまた土着品種を見直す動きが出てきている。若い世代は、品種よりテロワールを重視し、またガルナッチャやモスカテル・デ・グラノ・メヌドなどの伝統的な土着品種の古木からのワイン造りに着目して成功を収めている。今日、ナバーラでは赤ワインの生産量が過半数を占めるようになっている。

ナバーラの栽培面積は約一万一〇〇〇ヘクタール。五つのサブゾーンに分かれており、北西部にはバルディサルベとティエラ・エステーリャ、北東部にバハ・デ・モンターニャ、南部にリベラ・アルタ、リベラ・バハがある。北と南では地勢も気候も大きく異なるため、ワインにも多様性が見られる。

ボデガの数は一〇〇以上あり、栽培農家は三〇〇〇軒以上にのぼる。

ワインの総生産量は約四万キロリットル、そのうち赤ワインが六〇%、ロゼワイン三〇%、白ワイン一〇%と、赤ワインが中心だが、依然としてロゼワインも多い。

土壌は砂質、石灰岩粘土質、岩質などで、栽培方式は伝統的な株仕立てと垣根栽培。

栽培されているブドウは黒ブドウが九一%、白ブドウ九%。そのうちの六三%がイベリア半島固有の品種で、欧州系の国際品種は三七%。品種は黒ブドウがテンプラニーリョ三四%、ガルナッチャ二三%、カベルネ・ソーヴィニヨン一六%、メルロ一四%、その他グラシアーノ、マスエロ、ピノ・ノワール、シラーなど。白ブドウは、シャルドネが最も多く五%、次いでビウラ二%、モスカテル、ソーヴィニヨン・ブラン、ガルナッチャ・ブランカ、マルバシアなどである。

白ワインは、大半がシャルドネから造られており、樽熟成をするものとそうでないものがある。ロゼワインはほとんどがガルナッチャを使ってセニエ法で造られており、フレッシュでフルーティなアロマが持ち味。赤ワインは、フレンチオークの樽香のしっかりとしたものが多く、土着品種、国際品種ともに単一品種のワインもあるが、その両方をブレンドしたものがこの地域のワインの特性と言える。ナバーラで注目すべきはビノス・デ・パゴがあることである。ビノス・デ・パゴ（VP）は二〇〇三年のワイン法改正にあたり新たに誕生した分類で（一一五頁参照）、「地域」ではなく「限定された面積の単一畑」で栽培、収穫されたブドウのみから造られるワインに認められる原産地呼称である。現在一四のビノス・デ・パゴがスペイン全体に存在するが、そのうちの三つがナバーラにある。

二〇〇九年一月、ナバーラで最初に認定されたのはビノス・デ・パゴ・デ・アリンサーノ（V.P.

Arinzano）で、セニョリオ・デ・アリンサーノが所有する四〇〇ヘクタールのブドウ畑のうちの一二七・九五ヘクタール。申請にあたっては、地勢や微小気候などを調べ、独自の自然条件を備えた区画を選び出したという。次いで二〇〇九年七月にビノス・デ・パゴ・デ・オタス（V.P. Otazu）約九二ヘクタールとビノス・デ・パゴ・プラド・デ・イラーチェ（V.P. Prado de Irache）の約一七ヘクタールが認定された。ちなみにボデガス・イラーチェは巡礼者のための「フエンテ・デル・ビノ（ワインの泉）」を一九九一年に建設、蛇口をひねると出てくる赤ワインを一ヶ月三〇〇〇リットル無料で提供している（このワインはVPでなくDOナバーラ）。

ナバーラのワイナリーの代表格としてまず挙げられるのは、一六四七年創業、スペイン最古のワイナリーのひとつであるボデガス・フリアン・チビテだろう。南部のリベラ・バハ地区を中心に畑を所有している。主力ブランドはグラン・フェウド。ビノス・デ・パゴのセニョリオ・デ・アリンサーノもチビテが所有している。その他の生産者としては、ボデガ・モンハルディン、ボデガ・イ・ビニェードス・ネケアス、アルタス、カミロ・カスティーリャ、ボデガ・イヌリエタ、ラデラス・デ・モンテフラ、ボデガ・オタスがある。比較的新しいのはドメーヌ・ルピエール、エミリオ・バレリオである。

V　スペイン北部　西方地区　1
（カスティーリャ・イ・レオン CASTILLA Y LEÓN）

「カスティーリャ」は、北部のブルゴスを中心とする地域を指す歴史的な名称である。イスラム勢力がスペインの南から侵攻し、キリスト教徒は北部に追い立てられ、九世紀以降、レコンキスタ（国土回復運動）が本格化するが、「カスティーリャ」はその最前線となった。イスラム勢力に対抗して数多くの城（カスティーリョ）が建てられたため、こう呼ばれた。

「カスティーリャ」は、伝統的に「旧カスティーリャ」と「新カスティーリャ」とに分かれる。カスティーリャ・イ・レオン地方（州）は、一〇世紀にカスティーリャ伯領が置かれ、カスティーリャ＝レオン王国、さらにカスティーリャ王国として発展した地域で、「旧カスティーリャ」にあたる。一方、「新カスティーリャ」は、後にイスラム勢力から国土回復した部分で、カスティーリャ・ラ・マンチャ地方（州）とも呼ばれる。

夏は高温、冬は極寒の日々が続く、寒暖差の激しい大陸性気候で、広大で荒涼とした大地が続く。「ピレネーを越えるとアフリカだ」と言ったのはナポレオンだが、その言葉を裏付けるような風景が広がっている。この地方の九県は、メセタ（中央台地）と呼ばれる海抜七〇〇メートルから一一〇〇

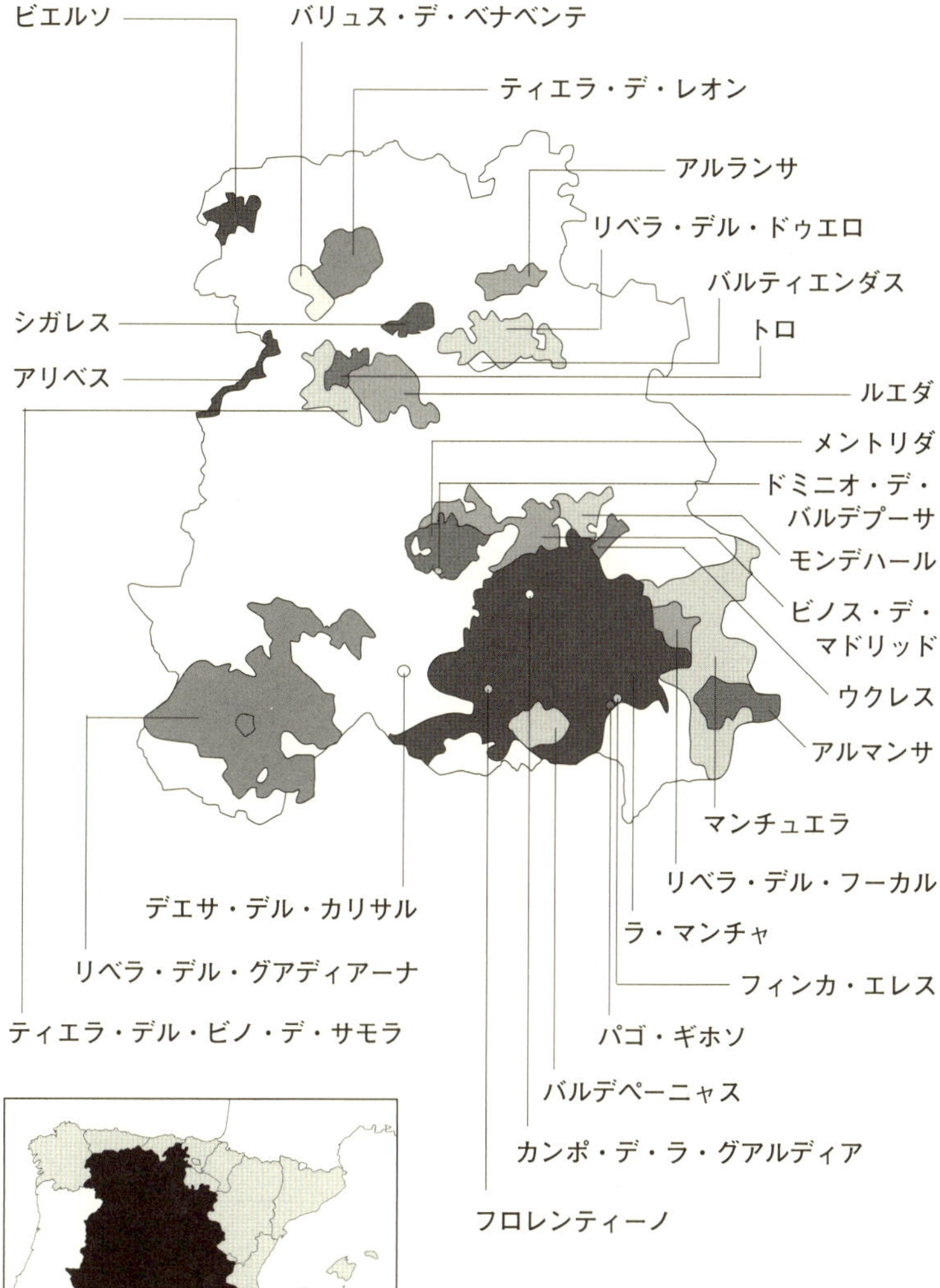

スペイン北部 西方地区・
スペイン中央部 中央・中央西部

メートルの乾燥した不毛な大地にある。「旅人よ、道はない。歩くことで道はできる」。スペインが生んだ二〇世紀の偉大な詩人、アントニオ・マチャードは、このカスティーリャの荒地を題材にいくつもの素晴らしい詩を書き、「カスティーリャの野」という詩集をまとめている。

この地方の州都はバリャドリッドだが、セゴビア、アビラ、ブルゴスなど中世の城塞都市が多く、古城や大聖堂、ルネサンス期の建築物が数多く点在する。マドリッドから北西へ約一〇〇キロのセゴビアは、一五世紀に、毛織物取引などで栄えた王国中心地。ディズニー映画「白雪姫」のモデルになったアルカサルがある。古くは、ケルト人がこの地に要塞を造って定住し、次いでローマ軍の前哨部隊が要塞を増やした。さらには、モーロ人がアストゥリアスのキリスト教徒から王国を守るための城を築いた。レコンキスタが南下するにつれて、キリスト教徒の貴族らがモーロ人の城を改築、さらに南進するための拠点とした。その後、新たに建てられたものも含めて、現在九〇近い城が残っていて、イスラム教徒とキリスト教徒の間で繰り広げられた戦いを思い起こさせてくれる。

アビラは、有名な聖女テレサ伝説の発祥の地。テレサはスペインの守護聖人の一人で、宗教革命で異論を唱え、カルメル会を創立した。彼女が約三〇年間過ごした修道院が今は博物館になっている。レコンキスタの伝説の英雄、エル・シドは、ブルゴス近くの出身。彼にちなんだモニュメントも多い。またブルゴスには内戦時にはフランコ将軍による暫定政府が置かれた。ブルゴスから六〇キロの小さな村にあるサント・ドミンゴ・デ・シロス修道院は、スペインで最も美しいといわれるロマネスク様式の回廊で知られる。教会では毎日ミサが行なわれ、修道士達のグレゴリオ聖歌はCDにもなって、世界中の音楽ファンに人気がある。

この地域は、物流の面からも注目される。ローマ時代、鉱物資源をスペイン北部から内陸部に運び出す「銀の道」が築かれた。北はカンタブリア海に面した港町ヒホンから、南はアンダルシアのセビーリャまで、イベリア半島を南北に走る八〇〇キロ以上に及ぶ道である。レオン、サモラ、サラマンカなど、カスティーリャ・イ・レオン州の要所を通っている。レオンは、この銀の道とサンティアゴ巡礼路が交差する地点に位置し、交通の要衝であった。この地方はまた、新世界を征服したスペイン文化の源でもあった。サラマンカには、スペイン最古の大学（一二一八年、ボローニャ、オックスフォードと並ぶヨーロッパ有数の大学都市として発展）がある。

厳しい風土の中で生活するため、コシード（煮込み）やソパ・カスティーリャ（ニンニクのスープ）など、からだを温める料理が多く、良質な赤ワインの産地になった。

ワイン産地としてのカスティーリャ・イ・レオンは、東のカタルーニャ、西のガリシアの中間地点よりやや西よりに位置し、いくつかのDO地区がかたまって、ひとつのブロックを形成している。各DOの関係がちょっと解りにくい面もあるので、これを整理して覚えるには旧首都バリャドリッドを中心にして位置を考えるといい。まず、この地方の北東端、時計の針で言うと二時の方角にあるのが「アルランサ」。その少し南、時計の針で三時の方角にあるのが「リベラ・デル・ドゥエロ」。バリャドリッドの南、六時の方向に「ルエダ」。その西にあるのが「トロ」（トロの南と西に拡がるのがガリシア州のティエラ・デル・ビノ・デ・サモラ）。バリャドリッドの北、一時の方向に「シガレス」。北西に少し離れ、一一時の方角にあるのが「ティエラ・デ・レオン」である。なおガリシア州に近いビエルソはバリャドリッドからかなり離れた北西にある。

リベラ・デル・ドゥエロ　Ribera del Duero

ドゥエロ河の両岸に沿った東西約一二〇キロの間に広がる産地で、カスティーリャ・イ・レオン州のほぼ真ん中にある。このドゥエロ河の下流がポルトガルの名酒ポート・ワインの産地ドウロ地区になる。マドリッドの真北、ブドウ畑は、川に近い平地から川が形成した谷の険しい急斜面に広がる。中心都市はアランダ・デ・ドゥエロ。

中央台地（メセタ）北部につながるこの地域では、畑は平均海抜七〇〇〜八五〇メートルとヨーロッパの中でも高地にある。そのため、日中の強い日照を受けて成熟するブドウは、夜の涼しさで凝縮度を増す。

この地区が世界に知られるようになったのはなんと言っても「ベガ・シシリア」のおかげである。また、一九八〇年代前半、アレハンドロ・フェルナンデスの「ペスケラ」の国際的な成功がこの地の運命を決めた。ティント・フィノ（テンプラニーリョ）を使って造る「ティント・ペスケラ」が、ロバート・パーカーに「スペインのペトリュス」と評され、銘醸地として内外で知られるようになった。原産地呼称に認定されたのは、一九八二年だが、八〇年代後半以降、品質を重視したブドウ畑の開墾や拡大、近代的な機器を導入した醸造所の建設など、外部からの投資が相次いでいる。欧米諸国への輸出も盛んになり、今やリオハと並びスペインの高品質赤ワイン産地のリーダー格になった。というより、リオハの大成功を見て、これを追い越す努力を重ねた結果、リオハの極上のものを例外とすれば、最近ではこの地区のものに世界のワイン・ファンの人気が集中している。

大陸性の気候の影響を強く受け、冬には凍てつくような厳しい寒さが訪れ、強風が吹くなど、気候条件は厳しい。降水量は四五〇ミリ。夏は暑く乾燥するが、夜には気温が下がる。夏以外は霜のリスクと闘わなくてはならない。年間の平均日照時間が二二〇〇時間。夏の昼夜の寒暖差がブドウに恩恵を与えている。寒い秋のおかげで、低温で発酵が行なわれ、ブドウの深い味わいが保たれる。

土壌は、東西で二種類に分かれる。東では沖積土に砂や粘土、北部高地は石灰岩が多く、軽くてソフトなワインができる。西は、石灰岩が少なく、ワインは深い色とコクが特徴となる。

栽培面積は現在は約二万二〇〇〇ヘクタール、ワイン生産量は五万九〇〇〇キロリットル。栽培品種はその八五%が、「ティント・フィノ」または「ティンタ・デル・パイス」と呼ばれるテンプラニーリョと同種のもの。赤ワインとロゼワインが造られる。赤ワインにはこの品種を最低七五%使用することが義務付けられている。ほかに、ガルナッチャ・ティンタやフランスのボルドーからもたらされたカベルネ・ソーヴィニヨン、メルロ、マルベックといった黒ブドウ品種や、固有の白ブドウ品種アルビーリョを補助品種として用いることが許されている。ティント・フィノ一〇〇%で造るか、あるいは補助品種をブレンドするかは生産者の選択によるが、ティント・フィノの多様な可能性に魅せられ、この品種単一で赤ワイン造りをするところが増えている。なお、この地区では白ワインも造られているが、DOとしては認められていない。しかし「カバ」は造られている。

全般的には、畑も醸造所も家族経営で行なわれているところが大半を占める。特記すべき生産者は、まず、「ベガ・シシリア」。一八六四年、ボルドーでワイン造りを学んだリビオ・レカンダがフランスからカベルネ・ソーヴィニヨン、メルロ、マルベックの三種を持ち込み、一八六八年、息子のエロイ・レカンダがボデガを創設。三種の外来種にティント・フィノを加えた独自のブレンドが、一九二九年のバルセロナの万国博覧会で金賞を獲得、一躍世界にその名が知られるようになった。一九八二年、マドリッドの実業家、アルバレス一家が買い取った。三〇年以上醸造責任者を務めたマリアノ・ガルシアは、優良年しか造られない、樽熟期間が長くコスモポリタン的な魅力を有する「ベガ・シシリア・ウニコ」を生み出した。マリアノ・ガルシアは、一九九八年に退社し、現在は自らのボデガ、「マウロ」社の活動に専念している。そこはリベラ・デル・ドゥエロの認定からはずれた場所ではあるが、主にティント・フィノを使ったワインが素晴らしく、また、トロでも活躍している。現在、「ベガ・シシリア」の醸造責任者は若手のハビエル・アウサス。伝統を尊重しつつ、新しい取り組みにも果敢に挑んでいる。

ベガ・シシリアに隣接する畑で、一九九五年から高品質のワインを造っているのが、デンマーク人のピーター・シセック。ボルドーのシャトー・ヴァランドロで修行をし、「ピングス」で高評価を得た。ベガ・シシリアの隣にある、もうひとつの見逃せないボデガが、「アバディア・レトゥエルタ」である。スペイン北部の貴族出身で、製薬会社ノヴァルティスの経営陣でもあるジョン・ホセ・アボが、一九九六年に創設。ボルドーのシャトー・オーゾンヌで醸造を担当していたパスカル・デルベックをコンサルタントとして招いた。レトゥエルタ修道院の天使の彫刻をデザインしたラベルも人気である。ほかにも、「アロンソ・デル・イエロ」やトーレス社など、新しい投資が続いている。

ルエダ　Rueda

州都バリャドリッドの南、平坦で広大な穀物畑が果てしなく続き、「スペインのパンかご」とも呼ばれている地帯である。ドゥエロ河左岸（南側）に位置し、ブドウ畑は、海抜六〇〇～八〇〇メートルの中央台地上のなだらかな起伏の土地に広がる。典型的な大陸性気候で、降水量は年間四〇〇～四二五ミリと少ない。冬は寒く、夏は非常に暑い。土は鉄分を含み、少量の石灰岩や粘土、砂が混じり、水はけがよい。

ブドウ畑の面積は約一万三〇〇〇ヘクタールで、生産量は四万六〇〇〇キロリットル。最も多く栽培されているのは、白のベルデホ。この地区は、かつてはパロミノから造られるシェリー・タイプの酒精強化ワインの産地として知られていた。一九七〇年代以降、ステンレスタンクなどの導入と近代醸造技術によって大きく転換し、ベルデホから造られる酸味のバランスがほどよく保たれた辛口白ワインの産地として生まれ変わっている。現在は、リアス・バイシャスと並ぶスペインの二大白ワインの産地として知られる。

「ルエダ」を名乗るためには、ベルデホを五〇%以上、「ルエダ・スーペリオール」は、ベルデホ八五%以上の使用が義務付けられている。ほかに、ソーヴィニヨン・ブランを一〇〇%使用している場合は、「ルエダ・ソーヴィニヨン・ブラン」を名乗ることができる。リオハの著名な生産者、マルケス・デ・リスカルは、白ワインの生産地をルエダに移転させ、ベルデホから、果実の芳醇な香りとボディを併せ持つワインを生んでいる。

ここは一九八〇年に白だけが原産地呼称に認定されたが、二〇〇二年八月の改正で、赤とロゼもDOが認められた。ところが、まもなく「白のルエダの評判が損なわれる」として、裁判に発展。二〇〇七年一月、赤とロゼのDOが撤回された（二〇〇八年にDOに再認定）。それだけ、白ワインに誇りを持っているということであろう。

近隣にリベラ・デル・ドゥエロやトロがあり、良質の赤ワインも生産されるようになってきた。黒ブドウはテンプラニーリョとガルナッチャ。その他、伝統的な製法によるスパークリングワインも造られている。

トロ　Toro

ここもドゥエロ河流域に入るが、畑のほとんどは南岸にひろがっている。白の産地ルエダの西隣りだが、ワインは赤で有名。川の周辺にあるブドウ畑は、南部は肥沃な沖積土や粘土質に覆われ、北部と東部は石灰岩と砂質が多い土壌。

大陸性の気候だが、標高六五〇〜八〇〇メートルで、リベラ・デル・ドゥエロに比べると海抜が下がるため、夏の気温はさらに高くなり、ブドウの成熟が早く進む。年降水量三〇〇〜四〇〇ミリと少ないものの、冬の大西洋低気圧が平均以上の雨を降らせることもある。

栽培面積（約五六〇〇ヘクタール）の約六割を占める「ティンタ・デ・トロ」は、テンプラニーリョと同種の黒ブドウで、この地で栽培されるうちに独自の個性を持つようになった。「黒ブドウの中で最も黒いブドウ」と言われているように、非常に濃い色と強いタンニンが得られる。現在の生産量は約九三〇〇キロリットル。

一九八七年に、赤、白、ロゼが原産地呼称に認定された。赤が代表的で、ティンタ・デ・トロを七五％以上使用することが義務付けられている。若飲みと樽熟成させたものの両方あるが、後者の熟成期間はかなり長く、濃厚な色と凝縮された果実味が特徴。

一九九〇年代後半に、リベラ・デル・ドゥエロなどの著名な生産者、ベガ・シシリア、ペスケラ、マウロや、さすらいの醸造家といわれるテルモ・ロドリゲスらが投資するようになり、注目度が上昇。濃縮さはそのままに、エレガントな赤ワインが造られ、赤ワイン生産地としての潜在力の高さが語られるようになった。また、フランスのサンテミリヨンの名シャトー「シュヴァル・ブラン」のリュルトン家と、人気の高い醸造家ミシェル・ロラン夫妻のジョイントベンチャーで始まった「カンポ・エリゼオ」は、オーガニック栽培を徹底させ、高い評価を得ている。リオハ出身のエグレン家は、一九九八年、セルバンテスの劇中にも語られる英雄伝説が伝わる町の名を冠した「ヌマンシア・テルメス」を設立。厳しい収量制限でしっかりとした骨格を持つ赤ワインを生産し、話題になった。現在は、ファッションのルイ・ヴィトンとシャンパンのモエ・ヘネシーが合併した世界的大企業ＬＶＭＨの傘下に入っている。

白は、マルバシアに少しベルデホを加えて造られる。辛口タイプのほかに、最近ではデザートワインのミディアム・スイートも造られる。ロゼは主にガルナッチャで、ティンタ・デ・トロを少し加えて造られる。

シガレス　Cigales

州都バリャドリッドの北東、リベラ・デル・ドゥエロの西に広がる。緩やかな丘陵地に小麦畑とブドウ畑が果てしなく広がるのは、この地域の典型的な風景である。ここはドゥエロ河の支流のピスエルガ川流域一帯にあたり、標高七〇〇〜八〇〇メートル。土壌の下層は粘土質で、砂を含む石灰岩質が覆う。柔らかい岩をくり抜いて作られた醸造所が点在している。

栽培面積約二〇〇〇ヘクタール、ワイン生産量二四〇〇キロリットルの七五%をロゼが占め、ロゼの産地として知られる。ティンタ・デル・パイス（テンプラニーリョ）を六〇%以上使用することが義務付けられている。料理との相性がよく、世界的にロゼ人気が高まっている現在、潜在的需要は大きいと考えられる。

もっとも最近は、オーク樽で熟成させた赤の評価が高くなっており、生産量が増えている。二〇一一年、白、スパークリング、甘口もDOに認定された。

ティエラ・デ・レオン　Tierra de León

州の古都レオンを取り囲む一帯で、畑は標高七〇〇〜九〇〇メートルの沖積土の段々畑に広がっている。石灰岩も含まれ、水はけがよい。冬は零下一〇度まで下がる厳しさで春霜の危険もある。

二〇〇八年にDOに認定。白、ロゼ、赤を造るが、土着品種の黒ブドウ、プリエト・ピクードからの赤ワインが特徴的。非常に香りの強い個性的な黒ブドウだが、収量が低く、病気への耐性が低い。

一九四九年、栽培農家のラファエル・アロンソが設立した「パルデバジェス」は、当時はバルクで販売していたが、八〇年代後半に息子達による改革で、プリエト・ピクート一〇〇%の高品質な赤ワインが造られるようになった。彼らは、絶滅の危機にあった白ブドウのアルバリンも蘇らせている。認可品種は、ほかに、赤はメンシア、テンプラニーリョ、ガルナッチャ。白はベルデホ、ゴデーリョ、マルバシア、パロミノ。ただし、パロミノに関しては、既存の畑以外の新規登録が認められていない。

アルランサ　Arlanza

リベラ・デル・ドゥエロの北にある古都ブルゴスは、カスティーリャ伯領の首都で、その後カスティーリャ王国として発展した。ここには、トレド、セビーリャと並ぶスペイン三大カテドラルのひとつがある。ブルゴスの南のアルランサ川渓谷の標高八〇〇〜一二〇〇メートルに広がる地区にあるDOで二〇〇八年に認定された。州内でも気候は厳しい方で、西部は気温が低く、東部は雨が多い。土壌は表土が砂や砂利で下層は粘土質。栽培面積は約四三〇ヘクタール、生産量は一四〇キロリットル。主品種は、黒ブドウのティンタ・デル・パイス（テンプラニーリョ）。ほかに、赤は、メンシア、ガルナッチャ、カベルネ・ソーヴィニヨン、プティ・ヴェルド。白は、アルビーリョ、ビウラ。

Ⅵ　スペイン北部　中央北部
（バスク PAÍS VASCO ／チャコリ CHACOLI, TXACOLI）

スペイン北部、大西洋のビスケー湾に面した地域。「コスタ・バスカ」（バスク語で「エウスカル・コスタルデア」）と呼ばれる約二〇〇キロの海岸線がフランスとの国境にそびえるピレネー山脈のふもとからビルバオまで美しく延びている。古くから航海と漁業の拠点であり、バスクの人は勇猛な〝戦士〟として知られてきた。伝統的な民族スポーツとして、巨大な石を引っ張るイディ・プロバックや、斧だけを用いて丸太を切断するアイスコラリなど、力比べをする競技が少なくない。バスク人の起源は謎に包まれている。バスク語は、インド・ヨーロッパ語よりもさらに古く、中央アジアのカフカス諸語や北アフリカのベルベル語とのつながりもあるといわれている。なお、バスク人のトレードマークになっているベレー帽は、同地を訪れたナポレオン三世が「ベレー・バスク」と呼んで世界中にひろまった。日本でも、戦後、手塚治虫らが愛用して流行した。

強い独立気質のバスク人は、何世紀もの間、フランク族、西ゴート族の侵入を拒み、南西ヨーロッパにおける異教信仰の〝最後の砦〟として抵抗し続けた。この地域の人々がキリスト教に改宗したのは、九–一〇世紀になってからのことである。スペイン中央政府との間で今も続く闘争は、カスティ

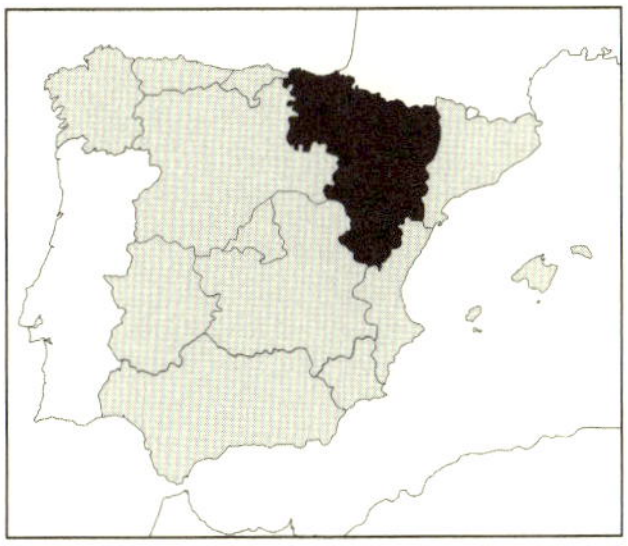

スペイン北部
中央東部・中央北部地区

ーリャ王がバスクの自治を認めた伝統的な法制度「フェロス」で統治された中世の時代にさかのぼる。歴代のスペイン王やハプスブルク家はこの法制度を尊重したが、一九世紀になると、中央集権的なスペインを建設するため、廃止された。

一九世紀末、地方自治の再生とバスク民族の防衛を掲げ、ザビノ・アラナがバスク民族主義党を結成。一九三六年、スペイン内戦が勃発すると、困難な状況下でバスク自治政府を成立させた。翌一九三七年、将軍フランコはヒトラーと共謀してバスク地方ゲルニカの町を爆撃、二〇〇〇人以上の命を奪った。その残虐さは、ピカソの有名な「ゲルニカ」で不滅なものとなった。その後フランコは、バスク語の禁止などバスクの独自性を抑圧し、残っていた伝統的な法律をすべて廃止した。

一九五九年、バスクの分離独立派は、ＥＴＡ（バスク祖国と自由）を結成、スペイン社会全体を揺さぶるテロ攻勢をスタート。バスク地方は一九七九年に自治権を回復するが、その後もＥＴＡによる爆弾テロなどのニュースが絶えることはない。

経済面をみると、一九世紀にビルバオ周辺で鉄鉱石の鉱床が発見され、その後、工作機械や航空機械、エネルギー産業や金融業などの成長が目覚ましい。バスク州の一人当りの所得はスペインの中で最も高い。

フランスとの国境に近いサン・セバスティアンは「ビスケー湾の真珠」と呼ばれる美しい町で、中世はサンティアゴ巡礼の中継地として、一六世紀以降は海洋貿易で繁栄した。スペイン独立戦争中の一八一三年、ナポレオンのフランス軍とイギリス軍の攻防戦により町は焼き払われ、廃墟と化したが、その後再建され、一九世紀にハプスブルク家の王妃マリア・クリスティーナが保養地とするなど、高級避暑地としてその名が知られている。バスク地方は、スペインの中でもグルメな土地として知られる。サン・セバスティアンには、ミシュラン三ツ星のレストランが三つもある。一九八〇年代に改革された「新バスク料理」は、昔ながらの料理法の再認識に加えて、鮮度の高い新しい食材への挑戦、まさに、伝統と革新の融合であった。「エル・ブジ」など、スペインのヌーヴェル・キュイジーヌは有名だが、その先駆け的な存在が、この地のレストラン「アルサーク」のファン・マリ・アルサークだった。

バスク地方は三つの歴史ある地域に分かれている。ビルバオを中心とする北西部の「ビスカヤ」県、中心都市サン・セバスティアンを擁する北東部の「ギプスコア」県、そして、州都ビトリア＝カスティスのある南部の「アラバ」県。

ビスケー湾沿岸地帯では、昔からアルコール度が低く微発泡を帯びる辛口の白ワイン「チャコリ」が生産されていたきた。現在三つのDOがある。サン・セバスティアン郊外のゲタリア周辺の「チャコリ・デ・ゲタリア」Chacoli de Getaria（バスク語でGetariako Txacolia）、西のビルバオを中心とする「チャコリ・デ・ビスカヤ」Chacoli de Bizkaia（Bizkaiko Txacolia）、少し内陸側に入った「チャコリ・デ・アラバ」Chacoli de Alava（以前はビノ・デラ・ティエラだった）である。

地勢は海岸沿いの緩やかな丘陵地帯で、海に向かって北向きの斜面に畑が点在している。気候は大西洋気候、降水量は年間一二〇〇ミリと多く、土質は粘土・泥灰・石灰岩の基盤の上に沖積土や砂質が覆っている。日本と同じく、ブドウは棚作りで栽培されている。栽培面積はゲタリアが四〇〇ヘクタール、ビスカヤが三七〇ヘクタール、アラバが一〇〇ヘクタールで広くない。年生産量はゲタリアが二三〇〇キロリットル、ビスカヤが一六〇キロリットル、アラバが三九〇キロリットル程度。ブドウは土着種が主体で、白はオンダリビ・スリ、赤は黒ブドウのオンダリビ・ベルツァから造られる。

白が約八割を占め、アルコール度が低く、微発泡性の独特の風味をもつ爽やかなワインになっている。少量だが、赤と白をブレンドしたロゼも出している。昔から地元のバルや家庭で消費されてきた。新鮮な魚介類の地方料理に良く合う。地元のバルでは、高い位置からタンブラーに注ぐパフォーマンスも含めて楽しまれている。なおリンゴから造られるシードラ（シードル）も人気がある。従来は兼業農家の小規模生産がほとんどだったが、最近は設備に投資し現代的醸造技術を導入して本格的に輸出に乗り出す生産者が増えつつある。

Ⅶ　スペイン北部　西方地区　2

（ガリシア州とカスティーリャ・イ・レオン西部 GALICIA & CASTILLA Y LEÓN）

海風が吹き寄せるガリシア州は、スペインでも森林が多く野趣に富む土地である。地図で見るとポルトガルの上に伸びているところで、イベリア半島の北西部に位置する。北と西は大西洋に臨み、南はポルトガルと接している。

紀元前九〇〇年頃、ケルト文化がこの地に伝来した。スコットランド人の誇りとしているバグパイプはこの地方にもある。ケルトの影響を受けた象徴で、現在も祭礼の時にはバグパイプが響きわたる。「ガリシア」の名は、古代ローマの属州ガラエキア（現在のスペイン西部とポルトガル北部）に由来する。その起源はギリシア語の「カライコイ」で、古代にドゥエロ河以北に住んでいたケルト系の民族を指したものといわれる。

かつてガリシアは、スペインで最も貧しい地域だった。痩せた土地を耕し、漁に出て生計を立てる人々を、しばしば飢饉が襲った。そのため、ラテン・アメリカへ移住したスペイン人にはガリシア出身者が多い。キューバの元国家元首フィデル・カストロは、ガリシア人移民の子である。ガリシア地方には、スペイン語とポルトガル語が混じり合った独特の言葉、ガリシア語が残っている。一三世紀、

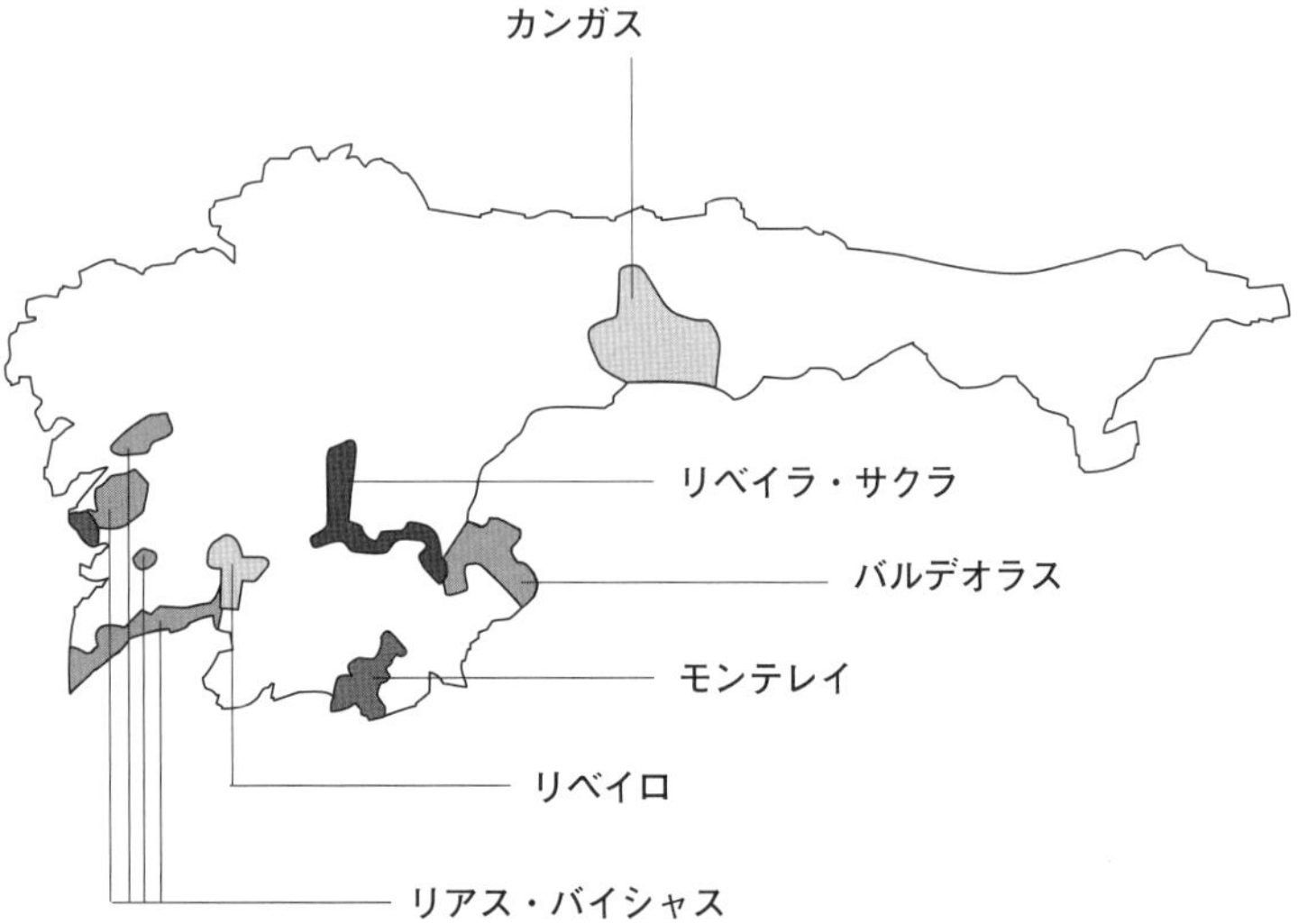

スペイン北部 西方地区

カスティーリャ王アルフォンソ一〇世は、カスティーリャ語を国家の言語と定めたが、一九世紀にガリシア民族主義が勃興しガリシア語復興運動が起こった。将軍フランコはガリシア地方フェロルの出身だったが、フランコ時代にはガリシアの自治は廃止され、公でのガリシア語の使用は禁止された。ガリシア自治憲章が成立したのは一九八〇年。現在ガリシア語は公用語になっているが、日常的に使用する人口は減少し続けているといわれる。

州都のサンティアゴ・デ・コンポステラは、エルサレム、ローマに次ぐキリスト教三大聖地のひとつ。九世紀初め、一二使徒の一人、聖ヤコブ（スペイン語でサンティアゴ）の墓がこの地で発見されてから、ヨーロッパ各地から多くの巡礼者が訪れるようになった。フランス国境のピレネー山脈からスペイン北部を横断してサンティアゴに至る巡礼の道、「カミノ・デ・サンティアゴ」は、約八〇〇キロ。今も中世の人々が歩いたのと同じ道をたどって聖地に向かう人々の姿が絶えない。この道は、日本の祈りの道、和歌山県の熊野古道と姉妹道として提携している。サンティアゴの寺院はゴシック風の壮麗な建築で、至るところに精密な彫刻類が施され中世の人々が宗教に向けたエネルギーを実感することが出来る。

ガリシアを含むスペイン北部は、南部ほどイスラム勢力の影響を受けていないため、芸術や建築様式にも独自のキリスト教美術の発展が見受けられる。特に、カミノ・デ・サンティアゴの街道沿いには、数多くの巡礼美術が残っており、ロマネスク芸術の宝庫といわれている。巡礼者達は、聖地を訪ねる旅人である証としてホタテ貝を身に付けた。それにはこんな言い伝えがある。ある時、馬もろとも海に落ちた一人の男がいた。ところが、使徒ヤコブを乗せた船が近くを通りかかると、驚くことに、男と馬が全身にホタテ貝を付けて海の底から現われたというのである。ホタテ貝は今も巡礼者の杖に下げられ、巡礼路の道標にも使われ、さらには、郷土料理の食材としても愛されている。

ガリシア州はスペイン屈指の白ワインの産地。特に、リアス・バイシャスのアルバリーニョ種から生まれるワインは、「海のワイン」とも呼ばれ、人気がある。白ワインと共に、ホタテ貝やマテ貝、ムール貝、カキ、エビやタコ、様々な海藻類など土地の海産物が楽しめるのも魅力である。

ガリシア地方のワインで知っておかなければならないのはミニ・フンディオ。スペインの他の地方では大地主が多い（農民は小作農）。しかしガリシアでは小農家がそれなりの小さな畑を持っている。零細・小地主農業が主流になっているということである。これは産業全体でみると発達するためのひとつのネックだが、ブルゴーニュのようにその難点を克服しているところもあるから将来はわからない。

リアス・バイシャス　Rías Baixas

近年目覚ましく成長したスペインの白ワイン産地といえば、まず挙げられるのが、リアス・バイシャスである。一九九〇年代には年平均二〇％以上輸出を伸ばし、現在も急テンポで市場を拡大している。

大西洋の影響を受けて温暖湿潤でブドウの生育期の平均気温は一六・八度。松と、一九五〇年代に移植されたユーカリの緑豊かな土地である。年間降水量約一七八六ミリと多いが、花崗岩の地盤で水はけはよい。

岬と入江が複雑に入り組んだ沈降海岸をリアス式海岸と呼ぶが（日本では岩手県の三陸海岸が代表的）、その名称はスペイン語で入江を意味するリア（Ria）に由来する。ガリシアのリアス・バイシャスの「リアス」は入江のことで、「バイシャス」とは下部という意味。湾に深く入り組んだリアス式の海岸線や緑に彩られた険しい渓谷のある内陸部は、スペインの他の地方とは異なる景観をもつ。日本人にとっては、どことなく日本の風景に似ていて、親しみがもてる。

ブドウ畑は、標高一〇〇～三〇〇メートル、湾を間近に臨む丘陵地やミーニョ川に沿った渓谷に広がっている。

現在総栽培面積約四〇〇〇ヘクタール、年生産量一万七〇〇〇キロリットル。ここでのブドウ栽培の特色は、白のアルバリーニョ中心であることと、ペルゴラと呼ばれる棚仕立てで栽培していることである。昔はガリシア地方の様々な土着品種が混植されていたが、二〇世紀初めに襲ったフィロキセラ禍の後に多産系の交配種が植えられるようになった。一九八八年のDOの認定後、アルバリーニョの栽培が奨励され、現在は全体の九五％を占めている。このブドウは果皮が厚く、ウドンコ病への抵抗力が強い。スペインでもここだけで栽培されていて、独自性が強い。このブドウについて、そのルーツは、かつて巡礼にやって来た修道僧がドイツのライン地方から運んで来たものでリースリングと同系種という説が有力だったが、現在はDNA検査で否定されている。フランスのプチマンサン系とする説とか、アストゥリアス地方のアルバリン・ブランコ、あるいはカイーニョ・ブランコとする説もあるが、今のところ決定的ではない。棚仕立て栽培をしている理由は、ポルトガルのミーニョ地方の影響と考える説もあるが、地元の栽培家に尋ねたところ「昔からそうやってきた」という返事が戻って来ただけだった。いずれにしても、多湿の地で樹勢をコントロールするために採用されたか、また、貧しいこの地方では現金収入を得るため、棚の下でキャベツなどの野菜を植えたことなどが考えられる。最近では垣根式も増えている。

なおブドウの品種で言えば、アルバリーニョのほかに白品種ではトレイシャドゥーラ、ロウレイラ（ロウレイロ）、カイーニョ・ブランコがある。黒品種ではソウソン、カイーニョ・ティント、エスパデイロ、ロウレイラ・ティントが認められている。

リアス・バイシャスがスペインの白ワインとして脚光を浴びるに至った背景には、ブドウ生産者の意識の変化がある。EC加盟後、激変するであろうワイン市場の変化を予見し、一九八〇年、数人の生産者が集まりワイン改革に乗り出した。まず、DO獲得への足掛かりに一九八四年に地元自体での生産規制が施行され、統制管理のための委員会が設立された。生産者達はスペインの中でも最も厳格だといわれる規則を守り、一丸となって生産するワインの品質を高めて、一九八八年にはDOへの昇格が認められた。この時登録されたのは、ブドウ栽培農家九五五軒、ブドウ畑面積五八四ヘクタール、ボデガ数は協同組合を含め僅か三〇軒だった。輸出はほとんどないに等しかった。ところが、二〇一三年の統計ではブドウ栽培農家数六六七七軒、ブドウ畑面積約四〇〇〇ヘクタール、ボデガ数は一八七軒へと飛躍的な伸びとなり、輸出は三万キロリットルを超えた。そのうちの半分強をアメリカ合衆国が占めている（日本はアジア最大の輸入量だが、三万三〇〇〇リットルにすぎない）。この地方のワインの価格は、スペイン産白ワインの平均よりも高いにもかかわらず、マドリッドで販売されるスペイン産白ワインの販売量の約二一％と高いシェアを占めるようになったのである。

品種のもつ自然な酸味といきいきとした果実味、すがすがしい香りを生かしたカジュアルなスタイルから、小樽発酵や樽熟成させた芳醇なタイプまで、同じアルバリーニョ種から様々な顔をもつワインが生まれている。

アルバリーニョ一〇〇％で造られるワインは、ラベルにリアス・バイシャスのＤＯ表示だけでなく、品種名も表示することができる。

サブゾーンは、五つ。最も重要なのが、冷涼で湿潤な「バル・ド・サルネス」。ほかに、最も暖かく力強いワインを生む「コンダード・ド・テア」、最南部でテラス畑が多く酸度の低いワインを出す「オ・ロサル」、その他に小地区の「ソトマヨール」、「リベイラ・ド・ウリャ」がある。

このサブゾーンを受けてリアス・バイシャスには以下のタイプのラベル表示が認められている。

リアス・バイシャス Rías Baixas：どのサブゾーンでもかまわないが、認められている白ブドウ（七〇％は推奨品種）から造られること。

リアス・バイシャス・アルバリーニョ Rías Baixas Albariño：アルバリーニョ一〇〇％で造ること。

リアス・バイシャス・コンダード・デ・テア Rías Baixas Condado de Tea：このサブゾーンのアルバリーニョとトレイシャドゥーラを七〇％以上使用すること。

リアス・バイシャス・ロサル Rías Baixas Rosal：このサブゾーンのアルバリーニョとロウレイラの合計が七〇％以上であること。

リアス・バイシャス・バル・ド・サルネス Rías Baixas Val do Salnés：このサブゾーンのアルバリーニョ七〇％以上使用。

リアス・バイシャス・リベイラ・ド・ウリャ Rías Baixas Ribeira do Ulla：このサブゾーン内のアル

バリーニョ七〇％以上を使用。

リアス・バイシャス・バリッカ Rías Baixas Barrica：上記のいずれかのワインの熟成に最低三ヶ月間オーク樽を使用すること。

リアス・バイシャス・ティント Rías Baixas Tinto：どのサブゾーンでもかまわないが認定黒ブドウ品種を適切な割合で使用。

リアス・バイシャス・エスプモソ Rías Baixas Espumoso（スパークリングワイン）：どのサブゾーンでもかまわないが、認定品種から醸造され、原産地呼称委員会の分析基準、ＥＵとスペインの上質発泡酒の規則と品質マニュアルを満たすこと。

飛躍的な発展を遂げているリアス・バイシャスの中核的な存在になっている何人かの生産者がいる。推進の原動力になっているのは「マルティン・コダス」。一九八六年に三八軒の農家によって設立されたこの協同組合は現在約三〇〇軒の組合員をかかえ、リアス・バイシャスの総生産量の五分の一を担う最大の生産者。巨大であってもその造り出すワインの質は丁寧で良質。品揃えも豊富である。

一九七三年の創業以来、指導者的存在といわれるのが「ヘラルド・メンデス」。中心的なサブゾーン、バル・ド・サルネスで祖父の代からブドウを栽培している。一九七九年、マリソル・ブエノとジャヴィエ・マルクによって設立された「パソ・デ・セニョランス」は、ステンレスの大桶を使用するなど、厳格で先進的な栽培管理で知られる。

「テラス・ガウダ」は九〇ヘクタールの自社畑を持ち単独企業では最大。販売量も第二位。バル・ド・サルネスに二〇〇二年に建築家のマルセル・ラビオが興したのが「ボデガス・エイドス」で古木から造るコントラパルデは注目の的である。オ・ロサル地区の斜面畑で垣根式栽培に挑戦しているのが「バルミニョール」。ミーニョ川を遡ったコンダード・デ・テアで六〇ヘクタールの自社畑のブドウだけを使う「ラ・バル」のワインは通常のタイプとは違ったユニークさを持つ。

またビエルソの著名なラウル・ペレスの指導を受けたロドリゴ・メンデスは、「レイラーナ・アルバリーニョ　ラウル・ペレス&ロドリゴ・メンデス」として、熟成タイプのアルバリーニョをリリースしている。

ビエルソ　Bierzo

行政的にはカスティーリャ・イ・レオン州に属するが、景色や気候、そして言語もガリシア州に近く、緑豊かな山間部地域。ブドウ畑はシル川とその支流沿いの渓谷に拡がり、海抜四五〇〜一〇〇〇メートル。土壌は標高の高い部分は粘板岩質、低い部分は沖積土。栽培面積約三〇〇〇ヘクタール、年生産量五五〇〇キロリットル、ボデガ数は六四。二〇〇〇年以降、新進気鋭のエース級醸造家がこの地域でメンシアを使用した高品質ワインを競って生産するようになった。プリオラート、トロと並ぶ話題の赤ワインの新興地域として注目されている。

メンシアは、中世に巡礼者によってもたらされた品種と言われている。カベルネ・フランとの類似が指摘されていたがDNA鑑定で否定された。生育・成熟期間が短く、樹勢は強くない。果皮はそれほど厚くなく、テンプラニーリョより、タンニンや酸味が少ない。だがアルコール濃度が一四度に達するまで成熟することができる。

メンシアの品質を一気に押し上げた先駆者として、まず、プリオラートのアルバロ・パラシオスと、甥のリカルド・パラシオスが挙げられる。アルバロは、プリオラートでワイン造りを始めた頃からビエルソにも関心を持っていた。リカルドは、醸造の勉強を終えて一九九二年にビエルソに来て、アルバロとの共同プロジェクトをスタート。当時は濃厚なワインが流行していたが、フレッシュで繊細な赤ワイン造りを手掛けた。

もう一人、ビエルソ生まれで、ガリシアの様々な産地で固有品種を使って素晴らしいワインを造る醸造家、ラウル・ペレスも、メンシアを語るのに欠かせない存在。現在は、実家のカストロ・ベントーサの醸造責任者に戻っているが、彼の名を伝説的なものにしたのは、リベイラ・サクラに拠点をもつ友人、ペドロ・ロドリゲスがオーナーの小規模ボデガ「アガデス・ギマロ」で造ったワイン。メンシア一〇〇％の「エル・ペカド」（大罪という意味）は、パーカーポイント二年連続九八点を獲得した。

また、この地方では白ブドウのゴデーリョを使った高級ワインの生産も活発化している。

アリベス　Arribes

スペイン北西部、カスティーリャ・イ・レオン州の最西部、ポルトガル国境に接する辺境地帯で、ドゥエロ河に沿った一四〇キロにわたる渓谷畑で、アリベス国立公園内に位置する。二〇〇八年にD

Oに認定された。「アリベス」とは、急な花崗岩の渓谷を意味するが、南部は粘板岩質である。約四〇〇ヘクタールの畑では、中世の頃からブドウ栽培が行なわれていた。伝統的な土着の主品種は、黒ブドウのファン・ガルシア、白ブドウはマルバシア。濃厚な熟した果実味と粘板岩質に由来するミネラル感に富んだファン・ガルシアは、絶滅に瀕している幻の品種といわれたが、ここ数年、その品種を蘇らせ、高い潜在力を引き出そうとするボデガが少しずつ増えている。ほかに、白ブドウは、アルビーリョ、ベルデホ。黒ブドウは、ルフェテ、テンプラニーリョ、ガルナッチャ、メンシアなど。

ティエラ・デル・ビノ・デ・サモラ　Tierra del Vino de Zamora

カスティーリャ・イ・レオン州北西部、ポルトガル国境から少し東に入った内陸地帯で、ドゥエロ河沿いの海抜約七五〇メートルに畑が拡がる。トロの西側に隣接し、ここも二〇〇八年にDOに認定された。土壌は主に沖積土と粘土質で表土は砂利と石で覆われている。南米への移民が多く流出した地域でもあり、南米には「サモラ」と命名された都市が少なくない。県都サモラはレコンキスタ時代にドゥエロ河の北側を防衛する戦略上重要な拠点で、今も旧市街を囲む城壁が残っている。市内にはロマネスク教会が一〇以上あり、特にセマナ・サンタ（聖週間）の祭りはスペインでも盛大な祭りのひとつである。

「ティエラ・デル・ビノ（ワインの地）」の名が示すように、一七世紀から一九世紀にワイン生産地として注目されて、スペインだけでなくヨーロッパでも知られるようになった。

栽培面積約七〇〇ヘクタールで、黒ブドウは、テンプラニーリョが主体。ほかに、ガルナッチャ、カベルネ・ソーヴィニヨン。白ブドウは、マルバシア、モスカテル、ベルデホ、アルビーリョ、パロミノ、ゴデーリョ。

「テンプラニーリョ・マスター」として知られるリベラ・デル・ドゥエロのアレハンドロ・フェルナンデスは、上質のワイン造りを目指してこの地に目を付け、中心地にあった闘牛用の牧場を購入、そこには、一八世紀に二〇年近くの歳月をかけて手作業で造られた三六〇〇平方メートルの地下セラーが存在していた。テンプラニーリョの古いクローンの植樹などを行なってブドウ畑に戻し、テンプラニーリョ一〇〇%のエレガントな「ラ・グランハ」を造っている。

リベイロ　Ribeiro

中世からルネッサンスの時代に栄えたガリシア州の内陸地域。ポルトガル国境に達するまで南西にむけて流れるミーニョ川を見下ろす標高一〇〇〜三〇〇メートルの渓谷に広がる。ワイン分布図としてみればリアス・バイシャスの南部コンダード・デ・テア地区の東につながり、さらにその東の奥がリベイラ・サクラになる。またリベイロの南東少し離れたところにモンテレイがある。栽培面積二八〇〇ヘクタール、年生産量七八〇〇キロリットル。海からの湿った風が吹き寄せ、海洋性気候の影響が残る。年間降水量は九〇〇ミリ。基盤は花崗岩で、砂や沖積土が堆積した土壌である。

白ワインが大半を占める。昔は量産のパロミノから造られる素朴な白ワインの産地だったが、二〇世紀末、マドリッドの実業家が進出してボデガを興し、トレイシャドゥーラやロウレイラなど、収量が低く、より高貴な固有品種を栽培するようになり、地元の生産者もこれにならうようになった。スペインの内戦に関する作品を多く生んでいる映画監督、ホセ・ルイス・クエルダ氏も、この地に魅せられ、土地を購入、固有品種を使ったワイン造りを手掛ける。

赤は、カイニョやソウソンが主体。また、アルコールが八〜九%とやや低めの「エンベラート」と呼ばれるワインがある。

リベイラ・サクラ　Ribeira Sacra

ミーニョ川をさかのぼり、ガリシア州内陸部へと伸びる支流シル川沿いにある生産地。深い渓谷の急斜面の二三〇〇メートルの高さまで段々畑が点在している。ドイツのモーゼルよりも険しい急斜面で、どうしてこんなところに畑を作ったかと驚かされる。地勢の関係で四つのサブゾーンに分かれる。海洋性気候の影響が沿岸部よりやや減り、年間降水量（年間七〇〇〜九〇〇ミリ）も少ない。沿岸部より暖かいが、スペインの全国平均よりは涼しい。土壌は石灰岩と粘土が化石化した粘板岩。「聖なる」意味の「サクラ」が示すように、一八もあった修道院を中心に古くからブドウ栽培とワイン造りが行なわれていた。現在は栽培面積一二〇〇ヘクタール、年生産量一八〇〇キロリットル。小地区だが六五軒ほどのボデガがある。メンシアを使ったフルーティな赤ワインが主である。

白は、アルバリーニョ、ゴデーリョの単一品種で造られたワインが知られる。

二〇〇三年、ラウル・ペレスがソベール村のペドロ・マヌエル・ロドリゲスに指導するようになって「エル・ペカド」（原罪の意味）が誕生した。この二〇〇五年ものがロバート・パーカーの「ワイン・アドヴォケイト」で九八点の高得点を取り、急速に注目される産地に浮上した。

バルデオラス　Valdeorras

ガリシア州の最東部に位置し、リベイラ・サクラとカスティーリャ・イ・レオン州のビエルソの間にある。ローマの植民地時代には金が掘り出され、今でも当時の金鉱跡が残っている。地名は「黄金の谷（バル・デ・オロ）」に由来する。

ガリシア州では最も内陸に位置し、シル川沿いの海抜五〇〇メートル前後の渓谷に広がる。大陸性気候の影響を受け、夏には高温になり、乾燥している。主に沖積土で、粘板岩、花崗岩、粘土質などの土壌。区画が小さく、木々がうっそうと茂る中での畑作業は手間がかかることから畑は減少を続けていた。

伝統的なガルナッチャやパロミノが栽培されていて、若飲みタイプのワインが造られていたが、一九八〇年代後半から地元の醸造家による改革で、高品質なワイン造りへの取り組みが始まった。九〇年代後半、ゴデーリョを使用したミネラル風味豊かな辛口白ワインが高く評価され、新たな白ワイン産地として一躍注目されるようになった。著名な醸造家、テルモ・ロドリゲスもこの地に注目、白ワイン用はゴデーリョ、赤ワイン用はメンシアの二つの品種栽培で地域は活気を取り戻しつつある。

モンテレイ　Monterrei

「王の山」を意味するモンテレイは、ガリシア州南東部でポルトガルとの国境の山中にある。ドゥエロ河の支流、タメガ川流域の海抜四〇〇～五〇〇メートルの渓谷斜面に畑が広がっている。土壌は花崗岩質、粘板岩、粘土質の組み合わせ。

ガリシア州の中で最も小さいDOで、ボデガが四軒しかなく、「忘れ去られた地」だった。近年、生産者の努力で、トレイシャドゥーラ、ゴデーリョ、ドーニャ・ブランカなどから造られる白ワインの生産地として脚光を浴びるようになった。現在栽培面積五五〇ヘクタール、年生産量二三〇〇キロリットル。

九〇年代後半からはメンシアを使用した赤ワインも生産されている。

この地域のワイン生産を牽引しているのは、「ボデガス・キンタ・ダ・ムラデッラ」。ラウル・ペレスとホセ・ルイス・マテオが一九九三年に設立した。メンシアに、この地域の固有品種バスタルドをブレンドし、果実味あふれる個性的なワインを造り出している。

Ⅷ　スペイン中央部　東沿岸部（バレンシアとムルシア VALENCIA & MURCIA）

バレンシア　Valencia

カタルーニャからちょっと離れているが、南隣りにあたるのがバレンシア。地続きでありながら、カタルーニャとは別世界で、ワインの特徴も異なる。

バレンシア地方一帯は、地中海性気候で年間を通して温暖である。「コスタ・デル・アサハール（オレンジの花の海岸）」と呼ばれる美しい海岸があり、首都マドリッドから最も近いビーチ・リゾートとして親しまれている。特に、南部のアリカンテからムルシア地方にかけて続く海岸線は、「コスタ・ブランカ（白い海岸）」と称され、古代ローマ人は「光の都」とも呼んだ。バレンシアの港からは、バレアレス諸島、カナリア諸島をはじめ、地中海の船旅の拠点にもなっている。また、この地方はレコンキスタを題材にした映画「エル・シド」の舞台になった。

歴史的には、常に外部世界との接触にさらされてきた地域である。ギリシャ人によって拓かれ、カルタゴの支配、ローマの統治、西ゴート族の支配、そして七一四年、モーロ人（北西アフリカのイス

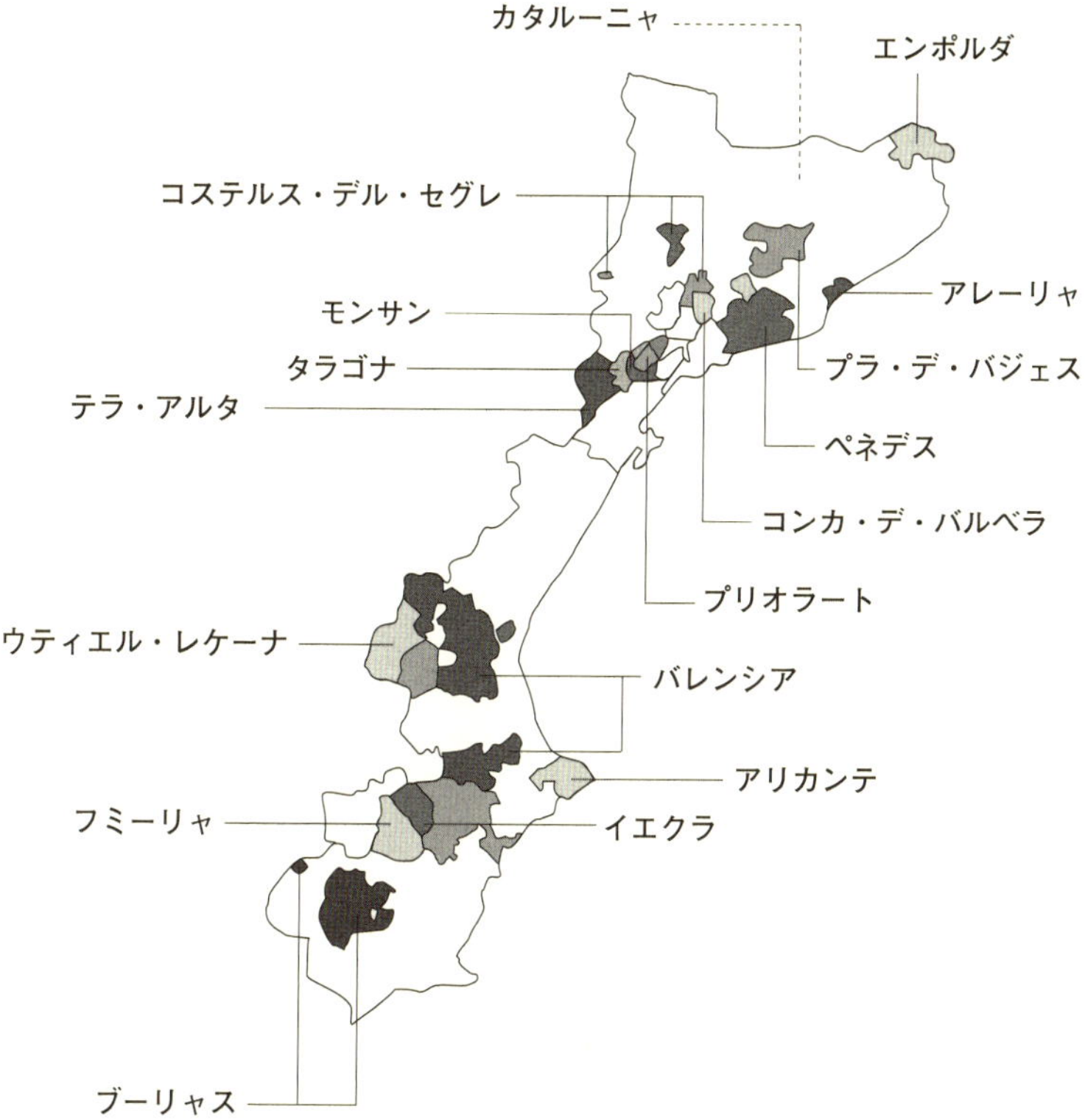

スペイン北部 最東地区・
中央部 東沿岸部

ラム教徒の呼称で主にベルベル人を指す）に占領される。モーロ人によるバレンシア王国が築かれ、今でも街中の城門など、イスラム建築の遺構が残っている。また、内戦時代には、バレンシアは共和国政府の臨時首都になった。

この肥沃な土壌をもつ土地において、イスラム勢力下にあった時代、アラブの灌漑技術が導入されて、「ウェルタ」と呼ばれる見事な果樹園が広がった。恩恵は現在にも受け継がれ、バレンシア・オレンジをはじめ、レモンやモモなど豊富な果物産地として名高い。また、スペインきっての米どころで、日本のような広大な水田風景が見られる。米を使った人気のスペイン料理、パエリャもこの地方生まれ。毎年三月に行なわれるスペイン三大火祭りのひとつ、人形を焼くラス・ファリャスでは、街中で、特大の鍋で作ったパエリャが振る舞われる。

バレンシアが、地中海世界において一大勢力となったのは、一二三八年、アラゴン連合王国に組み入れられた頃からである。イタリアの属領との貿易で繁栄し、地中海の商業を支配する黄金期を謳歌する。だが、一八世紀のスペイン王位継承戦争では、オーストリアの推すカール大公側についたため、フランス・スペイン軍が勝利すると自治権を失い、経済的苦境に陥った。さらに、フランコ時代には、バレンシア語の会話・教育が禁じられ、自治州として認められるのは一九八二年である。

ワインについては、かつて赤、白、ロゼのバルクワインの大量輸出地域だったので、あまり評価は高くなかった。しかし近年、ブドウ畑や醸造所に大規模な投資が行なわれ、また、この地方独自の在来種に国際的な評価が加わるなどして、活気づいている。DO地区は三つ。州都バレンシア周辺に広がる「バレンシア」、バレンシアの西、内陸に入った「ウティエル・レケーナ」、最南端にある「アリカンテ」で、それぞれに地域の特徴が際立つ。

（1）バレンシア　Valencia

地中海沿岸で、スペイン第三の都市バレンシアの周辺と少し離れたナーオ岬の付け根周辺の二つに分かれ、さらに四つのサブゾーンに区分される。総栽培面積は約一万三〇〇〇ヘクタール。白ワインを多く生産する。主に栽培されているのは、在来種のメルセゲラ。このメルセゲラや、ギリシャ原産で香りが豊かなマルバシアからフレッシュな辛口が造られる。モスカテル（マスカット・オブ・アレキサンドリア）からは、軽やかな甘口ワインが造られている。バレンシア産果物の取扱高一位のアネコープ社は、ハチミツを思わせるような芳醇な甘みのスパークリングワインを生産している。

赤ワインは樽と瓶とで二四ヶ月、そのうち最低六ヶ月は小樽で熟成させる。主要品種は、モナストレルとガルナッチャで、軽やかさのある若飲みタイプが主流。最近では、品質向上のための投資が盛んに行なわれ、黒ブドウは、センシベル（テンプラニーリョ）への植え替えが奨励されている。センシベルや外来種のカベルネ・ソーヴィニヨンからは、しっかりした熟成タイプが造られる。

（2）ウティエル・レケーナ　Utiel-Requena

バレンシアの西、内陸に入った海抜六〇〇〜九〇〇メートルの台地を中心に、約三万四〇〇〇ヘクタールもの畑が広がるこの地域は、この地域でのみ栽培されてきた独特の品種、黒ブドウのボバルで造る凝縮感のある濃厚な赤が見直され、スペイン・ワインの表舞台に登場するようになった。

ボバルの栽培記録は、その起源を中世までさかのぼることができる。この地域の気候は、夏は四〇度まで上昇し、冬は零下一五度近くに下がる。そうした厳しい気象条件にも耐え、豊富な量の実をつけられる有能な品種だった。とはいえ、同じ株でもブドウの房のサイズがばらばらで、熟するタイミングがずれるなど、扱いが難しいなどの難点があり、一時は絶滅の危機にあった。しかし、黒ブドウの中でもポリフェノールが豊富で、非常に高い抗酸化作用があることなどが科学的に解明され、さらに、良い状態で成熟が進むと複雑性とエレガントな果実味に富んだ卓越した赤ワインが出来ることがわかってきた。ロバート・パーカーが二〇〇〇年代初め、ボバルのワインを高く評価したことで人気が急上昇、この地域のボバル栽培農家が新たにボデガを設立する動きに拍車がかかった。現在ではボバルを中心に醸造するボデガは、一九九五年設立の「シエラ・ノルテ」など一〇〇以上に増え、ボバルが、この地域の栽培面積の八〇%を占めるまでになった。ガルナッチャをブレンドした良質のロゼワインも人気がある。

また最近では、テンプラニーリョやカベルネ・ソーヴィニヨン、メルロ、シラー、プティ・ヴェルド、カベルネ・フラン、ピノ・ノワールも育てられ、ボバルとの組み合わせで高品質なワインが模索されている。

(3) アリカンテ　Allicante

バレンシア州の最南端にあり、地中海に突き出たナーオ岬の高台にある地区と、少し離れた沿岸地域からムルシア地方と接する内陸部までに広がる地区との二つの地区から成る。海抜は六〇〇メートル前後で、石灰岩が基盤の土壌。

地中海側で造られてきた特産のモスカテルの甘口デザートワインは、もっぱら地元を訪れるリゾート客によって消費されていた。この地域伝統の「フォンディヨン」と呼ぶ深い琥珀色のランシオ・タイプのワインは、地元名物のチュロスのような揚げ菓子と合わせて楽しまれていた。とは言え、アリカンテはワイン産地としては特に有名ではなかった。

ところが、一九九〇年代に醸造設備や技術投資が行なわれ、内陸部では在来種のモナストレルを中心に、カベルネ・ソーヴィニヨンやシラーなどの外来種を用いて造るやや重めの新しいスタイルの高品質ワインが次々に登場した。エンリケ・メンドーサなど、モダンな造り方のボデガが先頭を切り、他のボデガも追随している。また、高台地区で造られるモスカテルの甘口デザートワインも、より上品で洗練された甘みに改良された結果、地元消費だけでなく、輸出も伸びている。

ムルシア　Murcia

南東部の広大なアンダルシアとバレンシアの海岸地帯にはさまれたムルシア地方は、見過ごしてしまいそうなほど小さいが、興味深い見どころがたくさんある。北には、ワインの名産地で肥沃なフミーリャがあり、南部の乾燥地帯には、歴史と伝統のある市場町ロルカがある。聖週間（La Semana Santa）には、キリストの受難の一生を追いながら聖母像が街中を練り歩く祭りの行列がスペイン各地で見られるが、ロルカでは、スペインきっての伝統が色濃く残っていると言われている。内戦時代は、将軍フランコ率いる国民戦線を支持。その関係で共和制を唱えたバレンシアとは今もそりが合わない。

州都ムルシアの旧市街には、一九世紀のモーロ（ムーア）風建築を改築した建物が残る（現在はカジノとして営業されているらしい)。複雑な幾何学模様の壁面装飾が見事である。ムデハル様式といわれる内装は、レコンキスタ後もこの地に残留したイスラム教徒とキリスト教徒の文化が融合したユニークなデザインと言える。このように、現代的な都市となった今も、ムルシアには独特の雰囲気が漂っている。

ムルシアから南東に約六〇キロ離れたところに、カルタヘナ港がある。紀元前三世紀、第一次ポエニ戦争で敗れたカルタゴの名門バルカ家のハシュドルバルにより貿易拠点として建設された。また、将軍ハンニバルはここからイタリア侵攻に向うなど、第二次ポエニ戦争の舞台になった。ローマ帝国の支配下に置かれてからは、「カルタゴ・ノバ(新しいカルタゴ)」と呼ばれ、天然の良港であると同時に防衛上の要所となった。国立海洋考古学資料館には、海底から発見されたカルタゴやフェニキア、ローマの遺物が数多く展示されている。この街のシンボルは、「カラバカ・デ・ラ・クルス」と呼ばれる二重十字。レコンキスタで闘った修道士に二人の天使が降りてきて力を与えたという物語が由来で、同市のカラバカ教会は聖地として多くの巡礼者が訪れている。

ムルシア地方は、オレンジ栽培と鉱工業で長く栄えてきた。セグーラ河を含む肥沃な低地の平原は、「ムルシアの菜園」として知られる。イスラム支配の時代に大規模な灌漑が導入され、農業が発達した。食文化も豊かである。野菜と地中海の魚介類を組み合わせたヘルシーな料理が特徴的で、赤いパプリカをくり抜いてほぐしたタラを入れた詰め物などがその代表格。魚の卵の塩漬けも名物である。米どころでもあって、伝統料理に「カルデロ」がある。乾燥パプリカのニョラを加えた米を魚のだしで炊き上げた漁師料理で、日常の食卓に上る。

海に近いが気候は変化が激しい。夏の暑さは厳しく、冬はしばしば霜に襲われる。この条件下で、モナストレルという地元品種が伝統的に栽培されてきた。ロバート・パーカーはこの品種のポテンシャルに注目し、二〇〇六年、ムルシア州を「世界の中でも偉大な地域」と表現したことから、フミーリャとイエクラの良質なDOが話題を集めるようになった。

(1) フミーリャ Jumilla

ムルシア州北部にあるフミーリャは、海抜四〇〇~九〇〇メートルに広がる石灰岩の土壌。夏は四〇度に達するほど暑く、冬はしばしば氷点下の厳しい寒さに襲われる。年間三〇〇〇時間もの日照に恵まれ、降水量はわずか三〇〇ミリで、乾燥している。

こうした自然環境のもと、伝統的にアルコール度数の高いワインが造られ、他の地域のワインを力強くするためのブレンド用(バルクワイン)として売られることが多かった。しかし、フランスから遅れること一〇〇年余の、一九八〇年代末、この地域にもフィロキセラ禍が発生。ブドウ畑のほとんどが改植を余儀なくされた。これをきっかけに、州政府などの援助もあり、ワインの品質向上に向けての取り組みが始まった。

主要品種は、地元原産の黒ブドウ、モナストレル(フランスのムールヴェードル)。果皮は厚く、果肉がしっかりしている。旱魃に強く、強い日照のストレスを受けることで樹勢が抑制され、色濃く香りの高いブドウが実る。成熟が遅く、完熟が難しいといわれるが、近年、きちんとした栽培管理と優れた醸造家の造りによって世界的に注目される果実味豊かでモダンなスタイルの高品質ワインが誕生。カリフォルニアの上質の超熟ワインと肩を並べるともいわれている。ロゼ、赤、甘口、カバ、酒精強化ワインなど、幅広いタイプのワインを生むのも魅力である。

低収量抽出などにより大きな潜在力を秘めるモナストレル。加えて、アラゴン地方原産のガルナッチャや、外来種のカベルネ・ソーヴィニヨン、メルロ、シラーも栽培され、独自のブレンドで個性あるワインが造られている。「フミーリャ・モナストレル」と表示された場合は、モナストレルが八五％以上でなければならない。

トップ生産者のひとつ、「カサ・カステーリョ」は、一九四一年にローズマリー栽培開発のために先代がフランス人から購入した土地を、二代目が八〇年代半ば、ブドウ畑として復興。古い木製圧搾機と開放型のセメントタンクを使う伝統的な方法と、最新設備での低温浸漬法とを併用している。この地域には、接木していないピエフランコがまだ残っているため、それから造る高付加価値ワインも注目だ。

一九八〇年代初頭に設立された「ボデガス・カルチェロ」も、フミーリャを近代的なワイン産地へと発展させたパイオニアとして知られている。スペインで最も乾燥したこの地で最初に科学的な水利用を実践した。過去二〇年の天候パターンを研究して、外来種の選定を慎重に行ない、多品種化に成功。九〇年代にシラー栽培が海外でも高く評価されたため、現在は、カエルネの畑がローヌ品種へと再植樹されている。

(2) イエクラ Yecla

フミーリャの東に隣接し、気候条件や土壌はフミーリャに似ている。スペインで唯一、ひとつの町（イエクラ）からなる小さなＤＯである。主要品種は、やはりモナストレルが中心。フミーリャ同様、一九八〇年代後半から、この地元品種に注目し、一部の生産者の中では、従来の粗野で田舎臭いスタイルのワイン造りからよりモダンなスタイルへと切り替える動きが活発化している。赤はフランスのボジョレ地方と同じマセラシオン・カルボニック法で造ったものもある。カベルネ・ソーヴィニヨンやメルロ、シラー、テンプラニーリョの栽培も進んでいる。赤もしくはロゼを名乗る場合、六〇％以上モナストレルを使用しなければならない。

「モナストレルの魅力を開花させ、最高の醸造と設備によるクォリティワインを造る」ことを使命に掲げているのが、二〇〇〇年に設立された「バラオンダ社」。ワイナリーの歴史は一九世紀半ばにさかのぼるが、四代目当主のアルフレッド・カンデラ氏は、アメリカで経営学を修め、経営コンサルタントとして修業を積んだ。醸造責任者の兄と二人三脚で、樽熟成により凝縮感と複雑さを増した良質なモナストレルを、日常の食卓で楽しめる価格で販売することを目指す。

（3）ブーリャス　Bullas

地中海沿岸から内陸に入った標高四〇〇～八〇〇メートルの地帯で、土壌は茶色石灰岩が中心。気候は、フミーリャに近い。高樹齢のモナストレルを中心とした高品質ワイン造りにようやく着手し始めたところで、今後の発展が期待される。

Ⅸ　スペイン中央部　中央
（カスティーリャ・ラ・マンチャ　CASTILLA LA MANCHA）

良い意味でも悪い意味でもスペインを代表すると言えるのがラ・マンチャとその地方のワインだろう。スペインの中央部の広大なメセタ（中央台地）の南部に位置し、そこはまさにドン・キホーテの舞台である。丘の上に今も残る白い風車は、澄んだ青い空にアクセントを与えて、美しい。一七世紀初め、ミゲル・デ・セルバンテスによって生み出されたドン・キホーテは、騎士道物語を読みすぎて、物語の世界と現実の区別がつかなくなる。この風車群を巨人プリアレオと見間違え、忠実なる従者サンチョ・パンサを従え、愛馬ロシナンテにまたがってヤリを小脇に突進する。ドン・キホーテの無邪気な妄想の世界では、ラ・マンチャの風車は巨人になり、勇ましく愚行を繰り返した。対置されるのは、従者サンチョ・パンサの常識的で懐疑的な態度といえようか。紫式部の『源氏物語』について優れた書評を残しているイギリスの作家、V・S・プリチェットは、ドン・キホーテに触れて次のように記している。「スペイン人の気性の両極端が、これら二人の登場人物に体現されている。幻想に情熱を燃やす性向と、その反作用として疑念、現実主義、皮肉癖に陥る破壊的な性癖と」。

北西部はグアダラマとグレードスの両山脈、東はセグーラ山脈、南西はシエラモレナ山脈、北西は

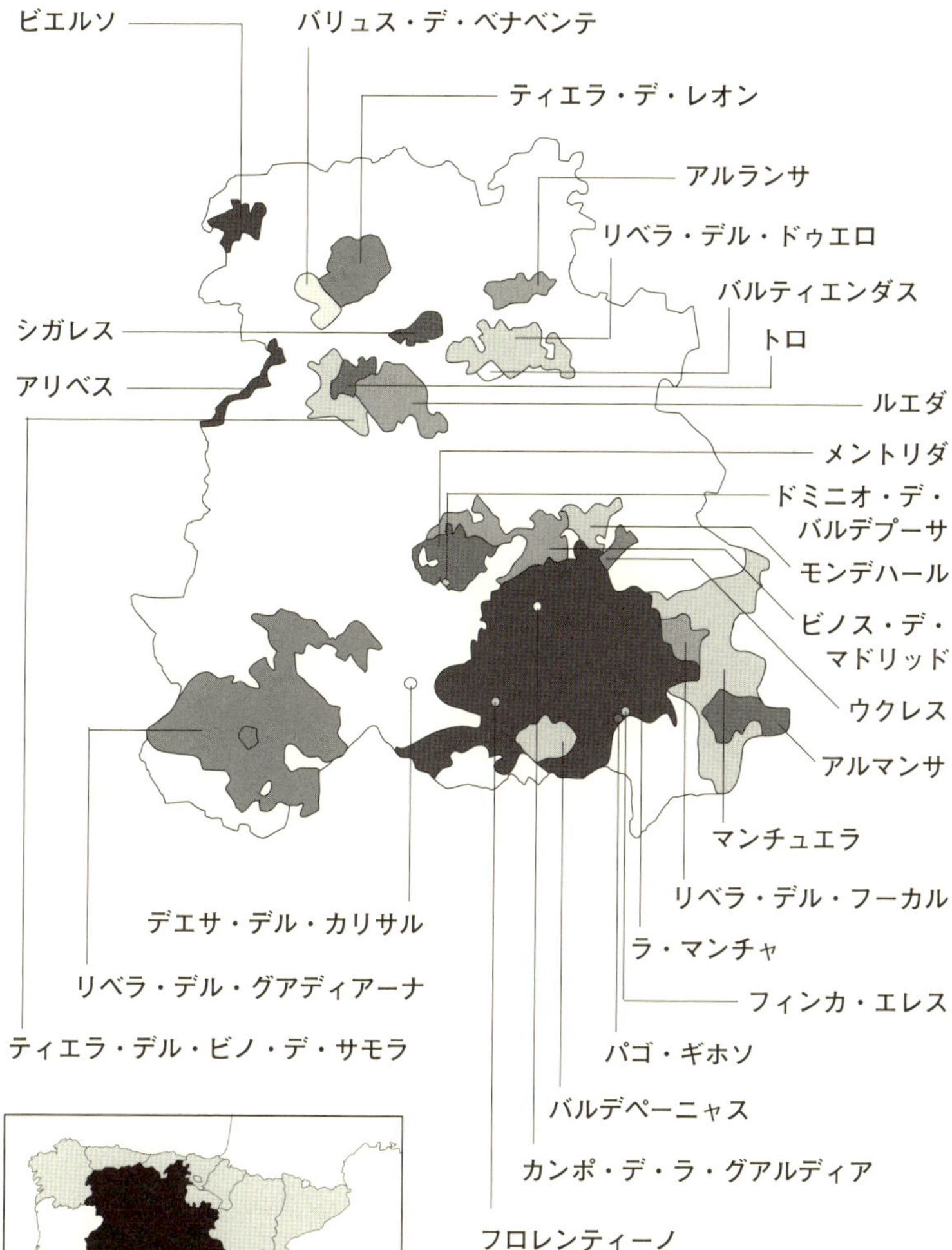

スペイン北部 西方地区・
スペイン中央部 中央・中央西部

エストレマドゥーラ丘陵に囲まれ、西手からはトレド山地が突出している。中にはアルマンゾール（標高二五九二メートル）のような巨峰もある。簡単な地図では全部が平野のように見えるが、ゴツゴツした岩だらけの丘陵地や険しい断崖の渓谷もあって、変化に富む地形である。典型的な大陸性気候で、ドン・キホーテを書いたセルバンテスが「九ヶ月の冬と三ヶ月の地獄」と言ったように、冬は酷寒、夏は酷暑である。この地方の人達は長い昼休み《シエスタ》を取るが、焦げつくような太陽の下で長時間働くのは健康上無理なのだろう。長くイスラム教徒の支配下にあったが、レコンキスタ完了後、新たにキリスト教徒が入植した地である。同じカスティーリャでもヌエボ（新しい）と呼ばれる。北部はカスティーリャ・ビエホ（古い）である。

キリスト教徒の入植が進むとブドウ栽培が復活し、ワイン造りがオリーブ、サフランと共に主要産業になった。スペインが大帝国になりマドリッドが繁栄すると、ワイン造りも活発化した。ヨーロッパを襲ったフィロキセラは、南のマラガにははやくも一八七六年に達したが、ラ・マンチャにはポルトガル経由で入った関係でここでの広がりは一九一一年頃で、この時に既に対策が確立していたため、ひどい被害にならなかった。第一次、第二次世界大戦中スペインは戦乱の地になるのを免れたためワイン産業は増産に増産を重ねた。第二次大戦が終わり、ヨーロッパの他の諸国のワイン産業が復活してくるとそれまでの繁栄のツケが過剰生産と低品質という結果に現われ、スペインのワイン生産は一時低迷する。現在ラ・マンチャのブドウ栽培面積は約一六万ヘクタール、年間ワイン生産量は約一三万キロリットルで、スペイン最大のワイン生産地区であり（リオハは約六万ヘクタール）、単一地区としては世界最大でカリフォルニアも敵わない。ラ・マンチャにおけるワイン産業の最大の問題は、過剰生産と極度の乾燥である（一九九一年から九五年の間は旱魃のため一〇万ヘクタールの畑が被害を受けた）。過剰生産について言えば、EU全体が現在その問題で苦しんでいるのでスペインも当然同じ悩みを抱えている。乾燥対策としては灌漑があるが、もしそれを許せば収穫量が今の倍になり、「ワインの湖」とまで言われるラ・マンチャのワインが洪水のようにヨーロッパ諸国に流れ込みかねない。そうした状況から、現在ラ・マンチャでは灌漑は禁止されているが、簡単に禁止すればいいという問題でないだろう（一六〇頁のコラム参照）。

ひと昔まではラ・マンチャでも赤品種のセンシベル（テンプラニーリョの地方名）もかなり植えられていたが、今は耐乾性の強い白のアイレンが九〇％を占めている。センシベルはアイレンほど頑強でなく、酷暑の中では寿命が短くなるため農家が切り換えていったのである。アイレンは支柱をつけない藪仕立《ブッシュ》てで栽培され、地面を這うように低く枝葉を繁らせるが、それが日傘のような役目をして灼熱からブドウの果実を保護し、とりこんだ夜露の蒸発を防いでくれる。ただこのブドウから秀逸なワインは生みにくい。現在は早摘みを行ない、低温発酵・軽圧搾などの技術で酸が十分あって低アルコールの早飲みワインを造るのに成功している。

現在、農業当局はセンシベルの栽培を奨励しているが、一部の生産者の中には、シラー、カベルネ・ソーヴィニヨンなどを栽培して、新しいスタイルのワインを造る動きも出ている。

スペインの他の地域と同じように、この地方でも小さな自己畑（大きくても一二ヘクタール）を持つ無数の栽培農家が散在し、全体で一六〇の協同組合と個人ボデガがワインの生産に当っている。協同組合の中には巨大なところがあり、トメリョソにあるビルヘン・デ・ラス・ビニャス Virgen de las Viñas などは一九六一年の結成当時は僅か一七の栽培農家が集まっただけにすぎなかったが、現在は組合員が二〇〇〇人に近くに増えている。畑の合計面積が約二万三〇〇〇ヘクタール、生産能力一五〇〇万キロリットルで、ワイン生産を行なう協同組合としてはヨーロッパ最大になっている。個人ボデガの中でも、ボデガ・カーサ・デル・バル（栽培面積二五〇ヘクタール）のように巨大で名の通ったところもあるが、傑出したワインを出して名の通っているところは少なかった。

なお、畑を限定するDOビノス・デ・パゴが六つある。カルサディーリャ Calzadilla、デエサ・デル・カリサル Dehesa del Carrizal、ドミニオ・デル・バルデプーサ Dominio del Valdepusa、フィンカ・バレグラシア Finca Vallegracia、フィンカ・サンドバル Finca Sandoval、ビニェードス・イ・ボデガス・マヌエル・マンサネケ Viñedos y Bodegas Manuel Manzaneque である。

カスティーリャ・ラ・マンチャ州は、五つの県に分かれる。北のグアダラハラ Guadalajara、中央のクエンカ Cuenca、北西のトレド Toledo、南東のアルバセーテ Albacete、南西のシウダー・レアル Ciudad Real である（それぞれ県の名前になった都市がある）。この行政区とは別に、ワインとしては八つのDO地区に分かれる。中央の「ラ・マンチャ」、南の「バルデペーニャス」、北の「モンデハール」と「メントリダ」。そして二〇〇六年から新しくDOになった「ウクレス」。東の「リベラ・デル・フーカル」（二〇〇三年から独立）、「マンチュエラ」、「アルマンサ」である。このうちマンチュエラとアルマンサは、バレンシア州のDOウティエル・レケーナ、ムルシア州のフミーリャとそれぞれ隣接し（アルバセーテ県にも拡がり）、別のブロックのような観を呈している。簡単に特色を紹介する。

ラ・マンチャ　La Mancha

中心的なDOであり、広大で、栽培面積約一六万ヘクタール、平均年生産量約一三万キロリットル、ボデガの数が二八〇、土壌は白亜、粘土、砂質。年間降水量三〇〇~五〇〇ミリ。ワインは白、赤、ロゼがある。

栽培品種でみると白は全体の七五%、そのうちアイレンが九五%、マカベオが四%、その他が一%。赤は全体の二五%、そのうちテンプラニーリョ(センシベル)が一一%、ボバルが九%、モナストレルが四%、その他が一%である。

ワインの製法・スタイルで見ると、伝統的方法と最新方法とに分かれる。白でみると、伝統的方法は一〇月に摘果、古い木製垂直型プレスで圧搾し、フリーラン・ジュースのみ使用。土製大壺ティナハス tinajas で果皮ごと開放発酵、三年位たたないとリリースしない。出来上がったワインは濃いレモン色、酸化したものが多く、鈍重で、フラット、土風味を帯びる。アルコール度は一三~一四度、ほとんどがブレンド用に使われてしまう。マドリッドのバルなどで、グラス売りをしているのがこのタイプである。

これに対し現代的醸造法によるものは、九月に摘果、近代的水平型プレスでおだやかに圧搾、フリーランジュースと第一次圧搾のものだけを使う。ステンレスか、コーティングされたセメントタンクで発酵。新鮮さを残すため、早期に瓶詰めを行なう。ワインは薄い淡黄色、軽質、フレッシュ、フローラルでグリーンなアロマ、辛口ないし極辛口で、アルコール度一一~一二度、口当りがよく飲みやすいスタイルになっている。総体にスーパー向けの低価格帯ワインだが、最近はマカベオ(ビウラ)の品質が非常に向上しているし、いくつかの品種の組み合わせのものもある。その中でマカベオといくつかの品種をブレンドした新しいタイプのものが、新鮮ですっきりしているので人気が上昇している。なお、ロゼも造られているが、これはアイレンとセンシベルとのブレンドで、玉ねぎ色を帯び、ドライ、フレッシュ、少し花のような香りを帯びる。

赤はセンシベル（テンプラニーリョ）が主体で、フレッシュでフルーティなスタイル。酸味は強くない。樽熟をしたものはややドライに仕上っている。一、二年樽熟させたクリアンサものがやや高級。低価格帯のワインとしては決して捨てたものでない。

こうした一般的ワインの他に、白はパルディジャかマカベオを使い、赤でガルナッチャ、モラビアを使うものも僅かだがある。また、ワイン研究総合センターでは白はパルディジャ、ペドロ・ヒメネス、ビウラ、赤ではカベルネ・ソーヴィニヨン、シラー、モナストレル、プリエトピクードなどの推賞品種を研究中である。カベルネ・ソーヴィニヨンは栽培が難しいと考えられていたが、最近は野心的なボデガで傑出した品質のものに成功したところも出て来たので将来が楽しみである。なお、ラ・マンチャのブドウ栽培の生産量をみて誤解してはならないのは、かなりのものが生食に向けられていることで、またワインにされても低品質の多くのものがブランディやビネガー（お酢）の生産に使われていることを忘れてはならない。

なおラ・マンチャは、専門家の間では眠れる巨象と言われていたが、豊富な収穫量や栽培コストが安いことに目をつけたリオハや地域外生産者の進出・投資が進んでいるので、将来は大きく変貌することも予想される。

バルデペーニャス　Valdepeñas

広大なラ・マンチャの南端に、いくつかの山脈に囲まれた大きな渓谷地帯があり、石の谷を意味するVal de Peñasバルデペーニャスと呼ばれるようになった。ここで生まれるワインはラ・マンチャとはっきり違いがあり、昔から有名だった。この地区の人達は独立戦争の時に、ナポレオンの軍隊を撃退したことと、自分のところの赤ワインはラ・マンチャと違うことを誇りとしている。ヨーロッパ中がフィロキセラに襲われた時代に、ここには遅れて入ったため、ワイン貿易で繁栄した。ワインはマドリッドやイギリスで愛飲されていた。イギリスワイン界のドン、アンドレ・シモンが一九六六年にワイン・アンド・フード・ソサエティから The Commonsense of Wine（邦訳『世界のワイン』）を出版した時、スペイン・ワインの中ではリオハとバルデペーニャスが優れていると書いたくらいである。なお、ここはスペインの有名なチーズ、マンチェゴの産地でもある。栽培面積二万二〇〇〇ヘクタール、年生産五万二〇〇〇キロリットル、標高七〇〇〜九〇〇メートルでラ・マンチャより高い。大陸性気候、年間降水量三〇〇ミリ、気温はマイナス九度から四〇度という点ではラ・マンチャに似ているが、土壌は白亜、粘土、岩石である。ブドウは、赤がセンシベル、ガルナッチャ、カベルネ・ソーヴィニヨン、白がアイレンとマカベオ。ワインは赤が約八〇％、白が一五％、ロゼが五％で赤の方が多い。

ラ・マンチャに比べればそう広くはないが、それでも二万ヘクタールもある畑と二七〇〇もの栽培農家がいる。零細農家がほとんどで、五〇ヘクタールを超す畑を持っているところはほとんどない。そのため、協同組合が有力である。協同組合の中でも自分の名前でワインを出すところがあるが数は少ない。ほとんどが農家の持ちこんだブドウをワインにする。ワインの発酵までは行なうが、熟成はボデガが行なうようである。

ボデガで見ると、少し前までは三五〇軒以上もあって、もっぱらバルクワインを出していた。現在自分の名前でワインを出すところが約五〇軒、そのうち輸出までしているところは一八足らずである。というのも大手三社、フェリックス・ソリス Félix Solís、ロス・リャノス Los Llanos、ルイ・メヒア Luis Megía の大手三社があまりにも巨大だからである。

バルデペーニャスでもアイレンの栽培比率は高かったが、現在は地方監督局の指導もあってセンシベル（テンプラニーリョ）が増えつつある。問題は、過去はこの赤白二種のブドウを生産者が勝手にブレンドして、軽い赤（濃いロゼ）を出していたことだった。ECへの加盟に伴って、これが問題になったが、強力な女性エノロジスト、イサベル・ミハレスの活躍で解決した。現在、大手のボデガや上質ワイン造りを指向するボデガは、早期摘果、コールド・マセレーション、軽圧搾、現代的プレスとステンレスタンクによる発酵、そして樽熟成など現代的醸造技術を導入しているからフレッシュかつフルーティで、酸のしっかりした近代的レベルの赤ワインに生まれ変っている。しかしボデガの中には土製大壺ティナハスを使った伝統的醸造法によるワイン造りにこだわっているところも残っているから、この古いタイプのバルデペーニャスを飲んでみるのも面白いかもしれない。

また、大手をはじめ各ボデガでも低価格帯の早飲みタイプだけでなく、レセルバ、グラン・レセルバなどの長期熟成タイプのワインを出すところが増えて来ている。中にはシラーやガルナッチャだけでなく、カベルネ・ソーヴィニヨンまで使う野心的なボデガも出ているので、バルデペーニャスは再び目が離せない地区になりつつある。

カスティーリャ・ラ・マンチャ周辺地区　Castilla-La Mancha

カスティーリャ・ラ・マンチャの中央を占めるラ・マンチャのメセタがあまりに広大で、そこから生まれる大量のワインがすべて単調なのに比べて、それを取り巻く周辺地帯のワインは地勢・気候とも異なる関係で、ラ・マンチャのワインと同一に取り扱えないものになっている。そうしたことからカスティーリャ・ラ・マンチャ州の中にラ・マンチャ以外に七つのDOが認められている。ただラ・マンチャの周辺と言っても、東と西とははっきり異なり、それぞれ別のグループを形成しているので、東西に分けて見た方がわかり易い。東のブロックに入るのが「アルマンサ」、「マンチュエラ」、「リベラ・デル・フーカル」であり、西のグループに入るのが「ビノス・デ・マドリッド」、「メントリダ」、「モンデハール」、「ウクレス」になる。現在生産量もそう多くないし、日本に輸出されることもあまりないと考えられるので、以下各地区の要点だけを説明する。

(1) カスティーリャ・ラ・マンチャの東部地区

このブロックの中で注目を引くのが「アルマンサ」Almansaである。ラ・マンチャの中央台地が東の海の方に突出した地形の先端に位置する。そしてバレンシア州のバレンシアとアリカンテ、ムルシア州のイエクラ、フミーリアとそれぞれ隣接している。そうした地形ではありながら、中央のメセタの地続きの平坦地であるため、その影響を強く受ける。しかし、しばしばレバンテ（スペイン東部の地中海沿岸地帯を指す）のワインと呼ばれたり、ムルシアのワインと間違えられることがあるが、ワイン生産地としてははっきり違いがある。ブドウで言えば、ここはアイレンの終焉の地である。レバンテ特産のブドウ、赤はモナストレル（フランスのムールヴェードル）と地元種のガルナッチャ・ティントレラ、白はメルセゲラが始まる地でもある。レコンキスタ運動の中でカトリック側が最初の勝利をあげた地であり、その関係で一六世紀からワイン造りを始めている。ここは当初はピケラス Piqueras のボデガが一軒あるだけだったが、二〇〇〇年の終わり頃になって二社が加わった。最近はボデガの数もかなり増えているし、日本にもアルマンサのワインが入り始めている。造っているワインはもっぱらブレンド用のバルクワインで、瓶詰めのものは僅かだった。というのも、ここのワインがフルボディの赤（アルコール度一二～一五度）だったからである。瓶詰めもののクリアンサは一年から二年で樽で熟成させている。最近は地元種のガルナッチャ・ティントレラの栽培量が増えている。白もあるが、これはアイレンが主体。栽培面積七二〇〇ヘクタール。

次が「マンチュエラ」Manchuela である。アルマンサがDOになったのは一九六六年だったが、ここは二〇〇四年。ただ、それ以前ビノ・デ・ラ・ティエラの産地としての実績があった。位置的に見ると、アルマンサの北隣り。ラ・マンチャの東部境界とバレンシア州のウティエル・レケーナにはさまれた中間地帯。ここも標高七～八〇〇の高原・平野地帯で、土壌は石灰岩を粘土質が覆っている。気候はラ・マンチャと同じ大陸性だが、夏の夜には地中海から冷たく湿気のある風が吹き、ブドウの成熟がゆっくり進む。ここが、ラ・マンチャときわだった違いを見せるのはブドウである。赤はボバルが主体だが、それ以外にセンシベル、ガルナッチャ、モナストレル、モラビア・デ・ルセ、シラーだけでなくカベルネ・ソーヴィニヨンとメルロまで認められている。白はアルビーリョが主体だが、マカベオ、シャルドネ、ソーヴィニヨン・ブランも認められている。栽培面積は現在三万四〇〇〇ヘクタールだが、将来一万ヘクタールまで拡がることが想定されている。現在ボデガ数が一一〇に上る。ワインは赤、白、ロゼがあるがボバルの赤の樽熟成ものもリリースされているし、多様なブドウ品種が認められているから将来発展する可能性を秘めている。

もうひとつの小DOが「リベラ・デル・フーカル」Ribera del Júcar。ラ・マンチャの東端、マンチュエラに接する部分が二〇〇三年に独立してDOになった。ここも海抜七五〇メートルほどの高地だが、バレンシアで地中海に注ぐフーカル河が流れる平坦地になっている。ラ・マンチャより雨が多く、地中海の影響を受け、気候もそう厳しくない。また、新興地で実績は定かではないが、諸条件とブドウがセンシベル主体だから優れた指導者が現われれば発展する可能性がある。

(2) カスティーリャ・ラ・マンチャの西部地区

スペインの首都マドリッドは、ラ・マンチャの西北のそう離れていないところにあるのだから、その間の地区にワインを造る人達が出てもよさそうなものだったが、そうはいかなかった。大産地ラ・マンチャの大量のワインがマドリッドに流れ込んでいてその胃袋を潤していたから必要がなかったのだろう。良いワインをつくる生産者がいないわけではなかったが、主要産業にならなかった。

マドリッド周辺地区が、「ビノス・デ・マドリッド」Vinos de MadridとしてDOに指定されたのは一九九〇年である。二〇世紀初頭まで六万ヘクタールもの畑があったが、フィロキセラ禍や内戦で消滅。現在栽培面積八四〇〇ヘクタール、地理的にはマドリッド市の南西と南東に分かれている。三つのサブゾーンがあるが、それにより違いがはっきり出るわけではないから、あまり意味がない。総体に起伏が多い丘陵郊外地。土質は花崗岩基盤の上に粘土と白亜質土壌。海抜六〇〇~九〇〇メートルだから、ラ・マンチャとはほぼ同じである。大陸性気候で、年間降水量は五五〇ミリで少し多い。平均気温は冬のマイナス八度から夏の四一度。ブドウは赤がティノ・フィノ、ガルナッチャ、それにメルロとカベルネ・ソーヴィニヨン、白はアイレン、マルバール、ビウラ、トレント、パルディナ。現在ボデガ数は四五、年間約二五〇〇キロリットルの生産量である。ワインの種類は、赤が四五%、白が三五%、スパークリングワインが九%。マドリッドの巨大消費をまかなっていたラ・マンチャが輸出に力を入れようとする間隙をついてこの地区のワイン造りに活気が生じている。カルロス・ファルコやペーター・ブライトのような先取的企業が投資を始めたのに伴ってニュースタイルのワイン造りも始まっている。スペイン・ワインの集約的評論紹介書であるペニンガイドPEÑÍN GUIDE二〇一四年度版にも二一が紹介されている。

マドリッドの南西にある古都トレドには、タホ河沿いの旧市街と壮麗な教会建築やエル・グレコを始めとする名絵画の美術館や多くの土産物店があり、観光客で賑わっている。トレドの東側のアランフェスは、ホキアン・ロドリーゴの「アランフェス協奏曲」の舞台。アランフェスの東のクエンカは要塞都市として知られる。大地を河川が浸食してできた巨大な断崖の上にあり、背後の山々も奇岩が連なる。一八世紀中頃まで市庁舎として使われていた建物は「カサス・コルガーダス(宙づりの家)」として有名だ(現在は抽象美術館として使われている)。そうした不思議な景観から、「魔法にかけられた町」ともいわれている。また、アンダルシアとの境を成すアルカラス山脈に散在する小さな町は、地元特産のマンチェゴ・チーズを出している。

マドリッドは、まだ村だった頃からこの地方の有力な中心地だったのだが、ワインとは縁のないように思われてきた。しかし市の西部にひろがるかなりのワイン産地があり、そこは一九六六年からDO「メントリダ」に認定されている。古都との関係から「トレド」のワインと呼ばれることが多い。現在栽培面積約五八〇〇ヘクタール、年生産量約一六〇〇キロリットル（そのうちDOワインは二六〇〇キロリットル）。標高四〇〇〜六〇〇メートルの平坦地、砂漠系土壌。気候降水量などはマドリッドと同じ、ブドウは赤はガルナッチャとテンプラニーリョが主体でカベルネ・ソーヴィニヨン、シラーが加わる。白はマカベオが主体で、それにシャルドネとソーヴィニヨン・ブランの栽培も始めている。ワインは赤が六〇％、ロゼが三七％、白は三％、つまり赤ワインの産地である。

二〇〇〇年にこの地区のDOとして外来種の栽培が公認されるようになり、ゴンザレス・ロペツがソーヴィニヨン・ブランで成功するなどの例も出て、四〇軒ほどあるボデガ（そのうち約半分が自家瓶詰）が外来種とのブレンドによるニュースタイルのワインを出して新スタートを切っている。

なお、二〇〇六年からラ・マンチャの北端地区がDO「ウクレス」Uclesとして加わった。海抜は五〇〇〜一二〇〇メートルでマドリッドより少し高く、土壌は砂質と粘土質が増える。赤はセンシベルが主要品種だが、ラ・マンチャより多彩な造りもあり、新スタイルのワインとして頭角を現わそうとしている。

マドリッド周辺のワイン造りは古くは一二世紀からすでに始まっている。現代的なワイン造りについてはひとつの挿話がある。真偽のほどは定かでないが、後にマルケス・デ・グリニョンのボデガを興す農業経済学者のカルロス・ファルコが一九六〇年代の初期にカリフォルニアへ行き、高名なブドウ栽培研究家のメイナード・アメリンの圃場を訪れたところ、自分が知らないような品種を含め全スペインのブドウが育てられているのに驚いた。さらにその時カベルネ・ソーヴィニヨンがスペインに向くはずだと示唆され、帰国後自家所有地をブドウ畑にして一九七三年にカベルネ・ソーヴィニヨンを植えた。地元の栽培技術者が白眼視するのに抗して、ボルドー大のエミール・ペイノー教授の指導を受けて、その栽培に成功したというのである。

灌漑

ブドウはもともと乾燥した地帯で繁殖した植物だから降水量の少ない地方でも栽培できるが、極度に乾燥したところでは健全な生育が難しい。そのため、灌漑技術が使われるところも出て来た。アルゼンチンのメンドーサ地方はアンデス山脈の雪どけ水を灌漑することで発展したし、オーストラリアでは砂漠とも言えるような地方で大規模な灌漑施設を設けることによって巨大な新ワイン生産地区が誕生した。その新生マレー・ダーリングやリヴァーナ地区はオーストラリア・ワイン生産量の六割近くを占めるにいたっている。

スペインでは、一九八六年以降ごく一部を除き原則として灌漑は認められていない。これはEUの生産抑制政策を受けたためで、それでなくても巨大な生産量を持ち、ヨーロッパのワインの湖とまで言われるラ・マンチャ地方などでもし灌漑を認めれば二倍以上に膨れ上がったワインがヨーロッパ市場に奔流することをおそれたからである。ただ地元でも灌漑した畑のワインは水っぽくなるという誤信もあった。

一九九一年から九五年にかけてスペインは大旱魃を受け、一〇万ヘクタールもの畑を再植しなければならなかったほどだった。農業当局は九五年と九六年の冬に灌漑禁止を緩和したが、一部のDO地区はこの緩和の継続を期待した。こうした状況の変化には、点滴給水（ドリップ・イリゲーション）の開発があった。これは直径三、四センチ位の細いパイプに一定の間隔（ブドウの株）ごとに小さな穴を開け、そこだけに給水するシステムである。これは当初は苗を植えたての幼木を育てる時だけに使われていた。この設備を極度の旱魃の時に使うことが考えられだしたのである。スペインでは一九九九年末には、全体の約一割くらいの畑にこの装置が使われていたようである。このドリップ・イリゲーション・システムを利用しているうちに、それが老木の寿命を保たせるだけでなく、畑の植樹率を高められることに気がついた。一本の木につける実の数さえ制限すれば高品質のワインを造ることも可能であることがわかって来た（プリオラートの場合などは一本の樹に二、三房、つまり一本の樹からひと瓶しか造らないところもある）。そのため高品質のワイン造りを指向する地区は、このシステムに強い関心を持つようになっている。ただこの施設の導入には多大な投資を必要とすることと、生まれるワインの質が従来の栽培法のブドウから造るワインと変ってくるおそれがあることもあって、今のところスペイン一般で使われるようになっていない。

X　スペイン中央西部
（エストレマドゥーラとリベラ・デル・グアディアーナ EXTREMADURA & RIBERA DEL GUADIANA）

スペインの西部、エストレマドゥーラ地方は「ドゥエロ河の彼方」の意味。従来日本ではそこはスペインの辺境地で羊と羊飼いだけの荒野と思われていて、そのワインに関心を持つ人は少なかった。しかし、ここは南のセビーリャからはるか北のビスケー湾の港ヒホンまでスペインを南北に貫く古代の重要ルート「銀の道」があったところなのである。途中の主要都市メリダは、紀元前二五年にローマ帝国の属州ルシタニアの州都として建設され、花崗岩で造られた巨大な野外劇場をはじめ多くの古代ローマ遺跡が残っている。ポルトガル国境に近いところで南のアンダルシア地方に近づくにつれて、白壁がまぶしく窓辺に色とりどりの花が飾られた家々に出合う。景色は、ラ・マンチャなどの荒涼たる大地とはまったく異なる。サクランボやオリーブの緑豊かな谷、風になびく小麦の畑、羊の牧草地などが広がり、昔ながらの田園風景を感じさせる肥沃な土地である。

なお、ここはレコンキスタ最後の頃の激戦地で、その勝利の余勢を駆って兵士達が新大陸に向かいレコンキスタドーレ（征服者）になった。スペイン全体の中では開発の遅れた地域で、昔から他地方への出稼ぎ者が多かった。一六世紀には、新大陸への冒険者を数多く輩出している。ペルーのインカ

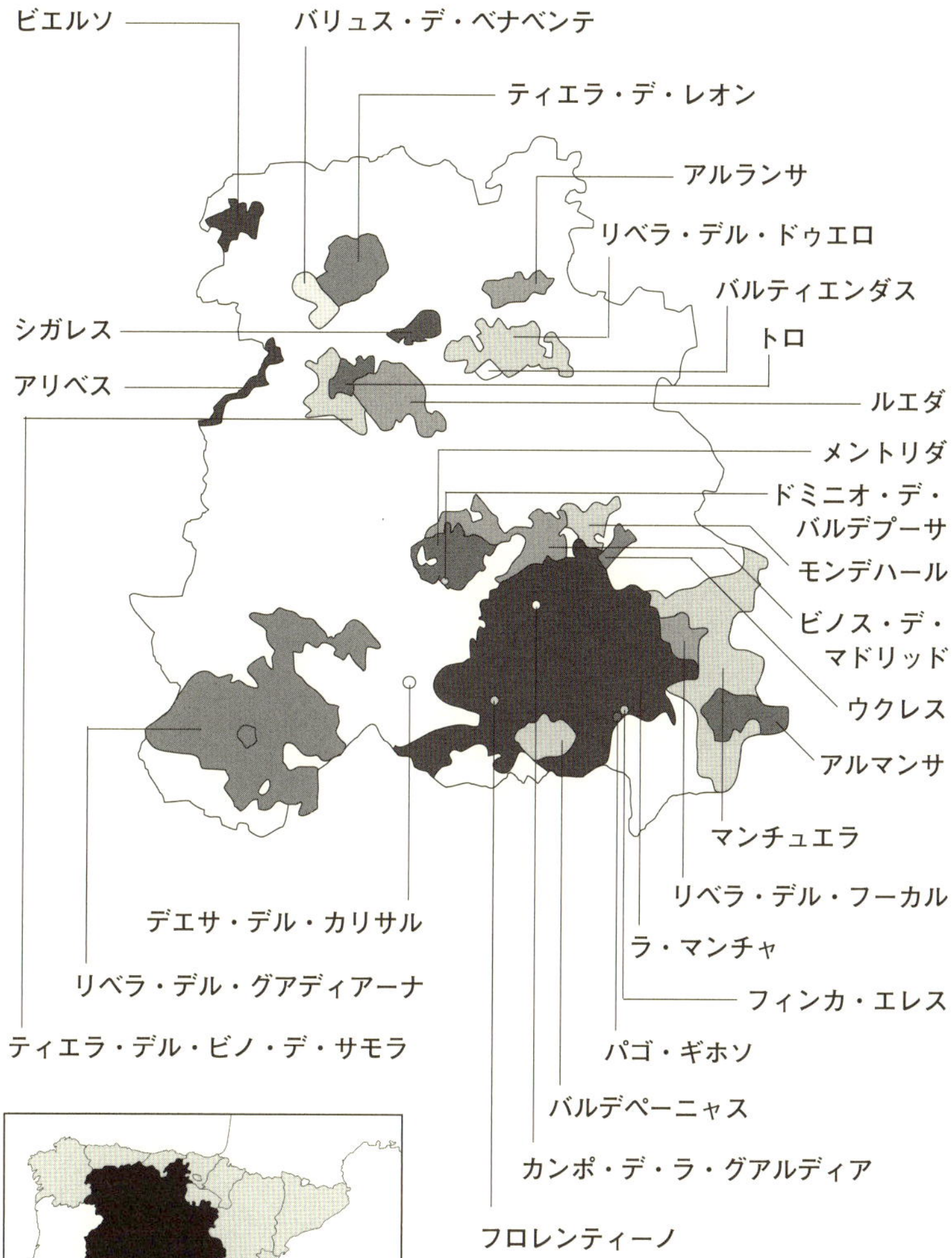

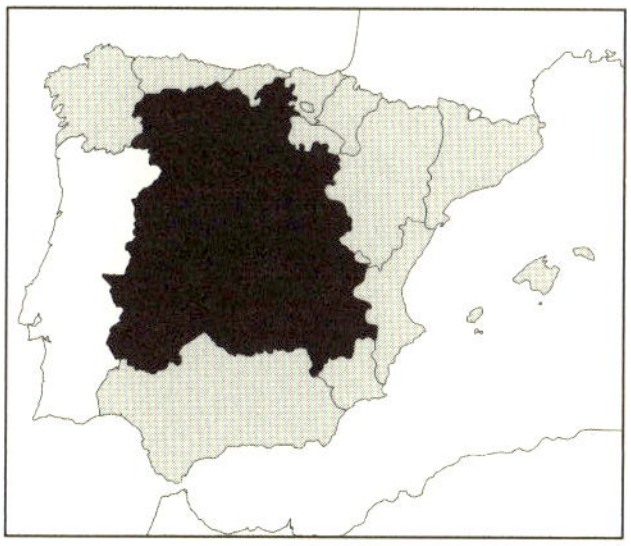

スペイン北部 西方地区・
スペイン中央部 中央・中央西部

帝国を征服したフランシスコ・ピサロは、この地方のトルヒーリョの出身。一五一三年、同郷の探検家バスコ・ヌニェス・デ・バルボアとともに太平洋の探検に出発、インカ帝国を発見し、皇帝アタワルパを殺害してリマを築く。その悪行にもかかわらず、今もこの地方の市民の間では英雄的存在で、インカの遺物とともに生家の地には博物館が残っている。このあたりはローマ時代からワインを造っていたし、地元のピタラ（素焼きの大壺）で造られた白ワインは、三〇〇〇年前のワイン造りに想いを馳せることが出来る。

現代のワインで言えば、いわば地酒のビノ・デ・ラ・ティエラの大産地で（八万七〇〇〇ヘクタール）、その中の一部が一九九七年からDO「リベラ・デル・グアディアーナ」に指定された。

この地方は全体的に見ると山陵地帯である。しかし、シェリーのカディス港の西で大西洋に注ぐグアダルキビル河は、海岸地帯ではスペインとポルトガルの国境になっているが、少し上流ではいったんポルトガル国内を流れ、バダホスのあたりで東へ向きを変えてスペインに入り、エストレマドゥーラ地方を横断するように東西に流れている。支流が多く、河の南側の一部は広大な平地ティエラ・デ・バロスを形成している。このあたりと、サン・ペドロ山脈が東西に走る北部のカセレス地区とは全く様相を異にしている（この山脈のさらに北にポルトガルのリスボンまで流れるタホ河が走っている）。

このDO地区の栽培面積は三万五〇〇〇ヘクタール、年生産量五四〇〇〇キロリットル。海抜は三〇〇〜六〇〇メートル、土質は沖積粘土層に砂に若干の石灰岩が混じる。気候は大陸性で夏は酷暑に見舞われ、冬の寒さは厳しく、雨量の少ない乾燥した産地。気温は三〜四三度、降水量は年間三五〇〜四五〇ミリだが、グアダルキビル河とタホ河の各支流があるので湿気がある（灌漑も可能）。

ワインの種類は赤六〇％、白三七％、ロゼ三％。ブドウはサブリージョンによって構成の違いはあるが、赤はガルナッチャ、テンプラニーリョ、ボバル、マスエロ、モナストレルに、シラーと外国種のカベルネ・ソーヴィニヨンとメルロが加わる。白はカエタナ・ブランカ、パルディナ、マカベオ、マルバール、マルバシア、ベルデホ、ペドロ・ヒメネス、アラリヘ、ボルバ、マンチュエラなどだが、シャルドネも認められている。

現在一九九九年に認められたＤＯの中に六つのサブゾーンがある（カニャメロ、モンタンチェス、リベラ・アルタ、リベラ・バハ、ティエラ・デ・バロス、マタネグラ）。

生産量が最も多いのはバタホスを中心とするティエラ・デ・バロス地区で、量産種のカエタナを使って軽質で辛口のワインを造る。ただ、これらのほとんどが蒸留されてブランディになり、シェリーの酒精強化に使われるか、バルクワインとして出荷されている。北部はカセラス地区と呼ばれる（かなりの部分はＤＯに指定されていない）が、モンタンチェス村とその周辺の五つの村から出すものがよく知られている。白はボルバ、ペドロ・ヒメネス、カエタナ種を使って造られるが、少しオレンジ色がかってシェリーを連想させるところがある。赤はガルナッチャやモナストレルを使ったもので、フルボディだが白のようにフロールの個性を持たず特有の辛口である。ただ、中には土製の巨大な壺ティナハスを使って全房発酵させ、一二ヶ月ほど熟成させる変り種もある。ボジョレと同じマセラシオン・カルボニック法の自然型と言える製法で造った「デ・ピタラ」というのもある。エストレマドゥーラはスペインとしてはワイン造りに恵まれた諸条件にある地方である。ＤＯだけでなくここのビノ・デ・ラ・ティエラも素直でナチュラルな南国育ちのワインらしいワインである。

ラ・マンチャ同様、栽培面積が非常に大きく「ワインの海」とも呼ばれている。協同組合主体で、アルコール原料やバルクワインの産地だった。

この恵まれた自然環境と広大な土地を生かすため、土着種だけでなくテンプラニーリョかガルナッチャに加えて、カベルネ・ソーヴィニヨン、シラー、シャルドネなどの外来種の試験栽培が行なわれている。また個性をもち、力強くて熟成した赤ワインのニューフェースが、八〇を超す個人企業のボデガの中で増えつつある。現代的設備をそなえた醸造所で生産されるものが多くなっていて将来性が注目されている。

XI　スペイン南部
（アンダルシア ANDALUCÍA）

スペイン南部、アンダルシアは長いイスラム占領時代の影響が残っていてコルドバ、グラナダの古都を始めスペインの北部・中部地方と全く雰囲気の異なる文化圏になっている。

日本人がスペインと言われて思い浮かべるイメージはこの地方のものだろう。アフリカ側に面して細長く拡がる太陽海岸《コスタ・デル・ソル》地域は名前の通り南国で、地中海沿岸の中でフランスのコート・ダジュールに次ぐ避寒行楽地になっている。地勢的にみると、海岸線がアルメリアとジブラルタルまで東から西へ水平に走り、その背後にはシエラネバダ山脈、ベガ・デ・グラナダ、セラニア・デ・ロンダ山地が海岸線に沿って走り、海岸ぎりぎりまで迫っている。その奥にはグアダルキビル河がこれも東西にコルドバ、セビーリャを通って流れ、カディスのところで大西洋に注ぎ、その流域を広大な緑の沃野にしている。

この地方は、ローマ以前からギリシャ人がブドウを持ちこみワインが造られていたが、イスラム時代に内陸部のブドウ栽培はほとんど姿を消してしまった。ただ、海岸の港都とその後背地はわずかながら生き残った。「シェリー」と「マラガ」がその代表だが、その濃くて（甘く）アルコールが強い

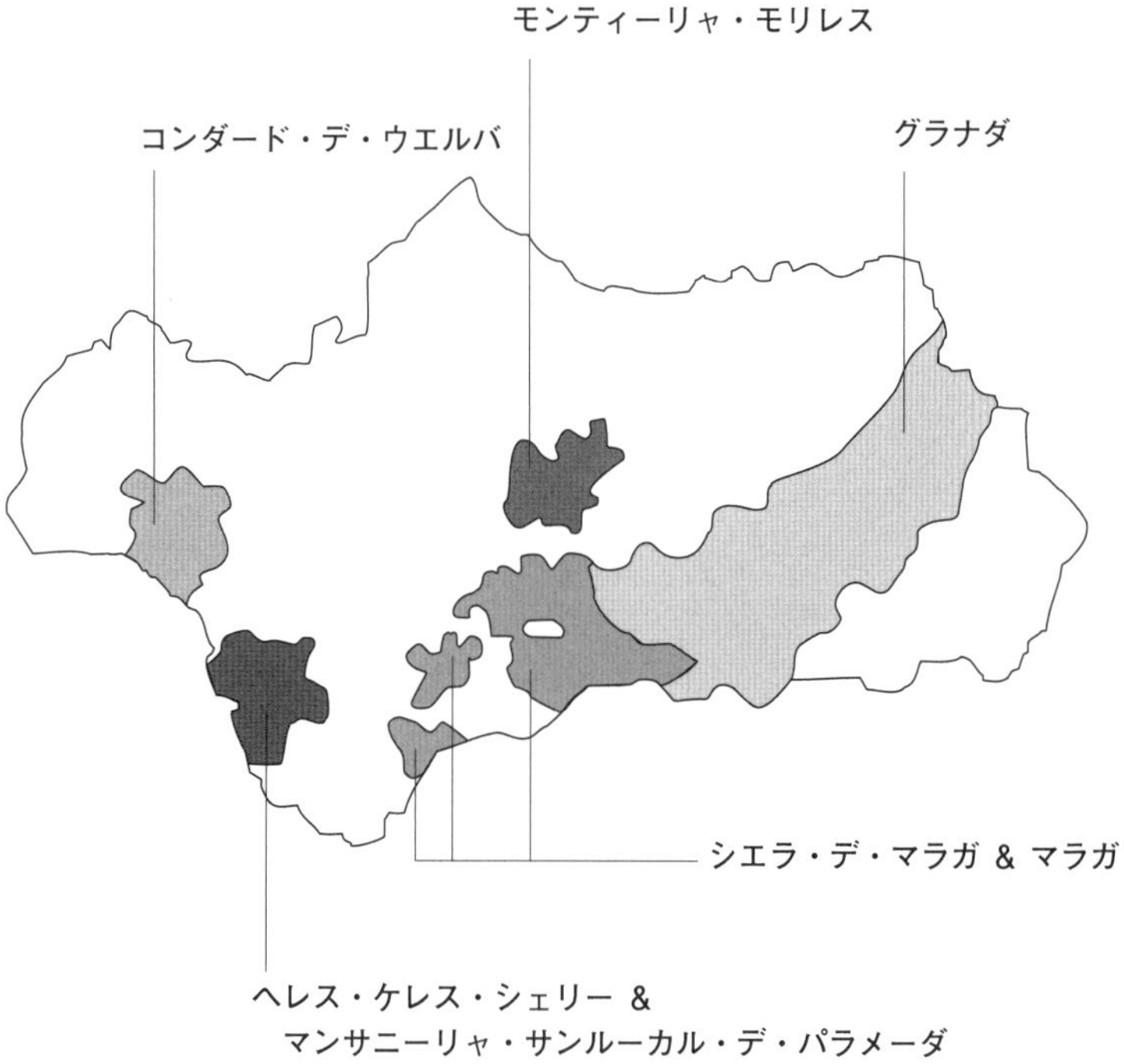
モンティーリャ・モリレス
コンダード・デ・ウエルバ
グラナダ
シエラ・デ・マラガ & マラガ
ヘレス・ケレス・シェリー &
マンサニーリャ・サンルーカル・デ・パラメーダ

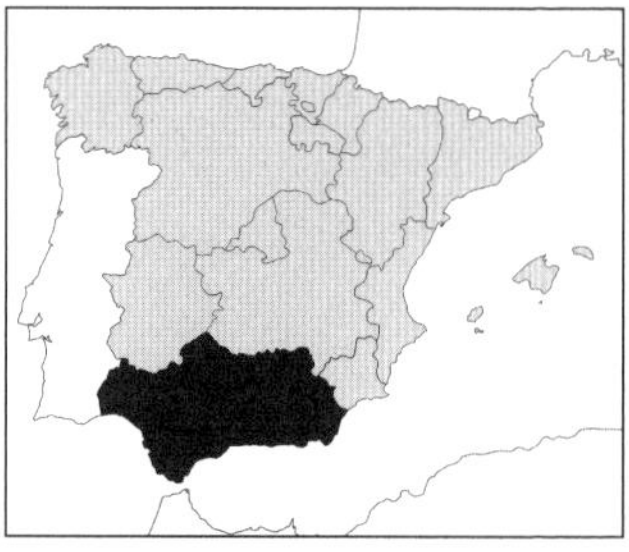

スペイン南部

ワインがイギリス人のお気に入りになり、イギリスの強い影響を受けながら発展してきた。内陸部では現在シェリーに似たワインを出す「モンティーリャ・モリレス」がある。また、「コンダード・デ・ウエルバ」がスペイン最南西端でぽつんと孤軍を守っている。

現在アンダルシア州のブドウ栽培面積は約三万六〇〇〇ヘクタール、年生産量は一一万七〇〇〇キロリットルだが、国全体の約三％にすぎない。州の農産物の中ではオリーブ、肉類、蔬菜《そさい》に次ぐ第四位（約一一％）である。DOは現在五ヶ所、コンダード・デ・ウエルバ、ヘレス・ケレス・シェリー・マンサニーリャ・サンルーカル・デ・バラメーダ、マラガ、シエラ・デ・マラガ、モンティーリャ・モリレスである。

マラガ　Málaga

地中海の港都として発展したマラガは現在は近代的港都に変貌して、かつての面影と全く異なっている。フェニキア人によるワインを造り始めた歴史は古く、紀元前一一〇〇年にさかのぼる。イスラム時代もシャラーブ・アル・マラキ（マラガの飲み物）と呼ばれて生き残っていた。シェリーとは歩調をそろえて発展して来たが、色が濃赤色の甘いワインだった。輸出先の中にはロシアの宮廷もあったが、ほとんどがイギリスだった。甘かったため「ウーマンズ・ワイン」と呼ばれて女性に愛飲された。最盛期はヴィクトリア朝時代で「マウンテン・ワイン」と呼ばれていた。さらにイギリス人の手によってアメリカと世界中に運ばれ、一九世紀の半ばには栽培面積は一〇万ヘクタールを超え、スペインで第二のワイン生産地区になっていた。

ところが一九世紀後半、ベト病に襲われ、一八七六年にはフィロキセラに侵され（スペインで最初）、六万ヘクタールもの畑と一万軒もあったブドウ栽培農家が壊滅した（農家の多くが南米に逃げた）。栽培面積は九〇〇ヘクタールしか残らず、一九九〇年代にDO制度が設けられた時はスペイン最少のDOだった。現在一万六〇〇〇ヘクタールのブドウ畑があるが、ワイン用は一一〇〇ヘクタールで、あとは生食と干しブドウ用である。

マラガ・ワインの生産地区は二つに分けられる。マラガ市周辺の海岸地域と、それに続く奥の丘陵地帯を含むアハルキア地区は地中海性気候で、スレートと砂質の土壌。ここはマスカット種が向いていてブドウは良く熟し、ことに丘陵部では優れたワインを生む。これに対しマラガ市の奥部で、海抜五〇〇メートルの平原を形成しているアンテケラ地区は、石灰質土壌で、長く寒い冬と短く暑い夏、平原なので機械化した農耕が可能。ここはペドロ・ヒメネス向きである。

マラガのワインを特徴づけるのはブドウで、ひとつはマスカット・オブ・アレキサンドリア（日本でも生食用ブドウの女王で、サッポロワインの岡山工場は、これを使ったワインを造っている）。もうひとつはペドロ・ヒメネスで、ペーター・シーメンスという人がドイツ・ワインのラインからもたらしたという伝説がある。このブドウはシェリーで同名の濃く甘いワインを生んでいるが、これがマラガでも使われている。この地方には三〇にものぼる品種があるが、主として使われているのはこの二種で、僅かなライレン（アイレン）がそれに加わっている。

マラガのワイン造りは実に雑多で、いろいろな造り方をしている。主流になるのは伝統的方法で、完熟したブドウを摘果した後で藁の上で天日に一五日か二〇日くらい乾かす（これがビノ・ティエルノ法）。ワインを煮詰めてシロップ状にしたもの（アロープ）をエッセンスのように加える製法もある（ビノ・デ・リコール）。もうひとつは、シェリーと同じようにグレープ・ブランディを加えて酒《フォ》精強化《ーティファイ》する方法である（ビノ・マエストロ）。どれも栗の木で作った樽で二年位寝かせる。一部にはシェリーと同じようなソレラ式の熟成をさせるところもある。こうしたいくつかの製法がある関係で、マラガ・ワインと言っても次の四つのタイプがあることになる。

ラグリマ　Lágrima　フリーラン・ジュースを使ったもので、醸造工程で一切メカニカルな圧搾をしない。文字通りのナチュラル・ワインで、甘い。

モスカテル　Moscatel　マスカット・オブ・アレキサンドリア主体で、スイートなアロマティックワイン。

ペドロ・ヒメネス　Pedro Ximénez　ペドロ・ヒメネスを使い、一部酒精強化をしたワイン。フランスのヴァン・ドゥー・ナチュールと同じ。

ソレラ　Solera　ソレラ・システムで熟成させた甘口ワイン。

そしてこれらのものをブレンドしたものもあり得る。そのため一般的に言えばマラガ・ワインは辛口から甘口まであるが、甘口が主体。アルコールは一五度から二三度。多くは濃茶褐色。きわだった甘さのものがあり、レーズン風味や燻香を帯びる。辛口の方は色が薄く、ナッツ風味を帯びる。たまには、こうした珍品的ワインを飲むのも楽しいだろう。二〇〇一年にDOマラガ地域内で造られる辛口の非スパークリングワインが、新DOとして認められることになった。主にDOマラガが西部ロンダ周辺の標高七五〇メートル前後の山中で造られ、モダンなスタイルの赤、ロゼ、白を生んでいる。

モンティーリャ・モリレス　Montilla-Moriles

コルドバとグラナダとセビーリャを結ぶ三角状地帯の中央、コルドバの真南あたりがこのDO地区である。シェリーのフィノの極上品アモンティリャードの名称は「モンティーリャに似た」という意味だから、モンティーリャのワインはしばしばシェリーと間違われる。しかしシェリーとは全く別で、シェリーの方はパロミノ・ブドウを主体にした酒精強化《フォーティファイド》ワインだが、この方はペドロ・ヒメネスを主体にしたナチュラル・ワインである。ここもワインの歴史は古いし、かのシーザーがポンペイウスの軍を破ったのは、この地である。コルドバに近く、椰子とオレンジ、ゼラニウムで飾られた白亜の家が立ち並ぶ文字通りの南国で、スペインで最も暑い。最盛期には一万ヘクタールの畑があり、ここの甘いワインはコルドバ、マドリッドで愛飲され、エルサレムまで運ばれたし、かなりの量がシェリーの業者に買いつけられシェリーの原料になっていた。数世紀に亘って有名だったが、第二次大戦後辛口ワイン・ブームにおされて急激に低下し、シェリーの名声の蔭に隠れる存在になってしまった。

現在コルドバ州の中に五二〇〇ヘクタールの畑があり（一七地区に分かれる）、年産四キロリットルのワインを出している大産地だが、輸出はその一五％くらい。上質畑はアルバリサ albariza と呼ばれるシエラ山脈のピンクがかった白灰色の石灰質土壌（全体の約五分の一）だが、別に平坦地のルエド ruedo と呼ばれる鉄分を多く含んだ赤レンガ色の粘土質土壌畑もある（前者のヘクタール当りの生産量は六キロリットル、後者八キロリットル）。栽培されるブドウの九五％はペドロ・ヒメネスだが、残りはライレン（アイレン）、バラディ、トロンテス、モスカテルである。ここの醸造法の変ったところは第一次発酵（五〜七日）が終わった後、ティナハスと呼ばれる巨大な壺（三〇〇〇〜一万リットル入り、先端が尖っていて、腰から下は地中に埋める）に入れ発酵を継続させ、シェリーと同じようなフロール（酵母菌の表皮膜）を着けさせ、その後樽に移し、ソレラ・システムで二年位熟成させる点である（現代的な醸造所では、ステンレスタンクを使うところがあるが、この伝統的方法を守る生産者もいる）。

灼熱の太陽の下、乾燥した畑で育てられるブドウの糖度は非常に高く、酒精強化をしなくてもワインのアルコールは充分に高くなり（一四〜一四・五度）、未発酵の糖分で甘味を帯びさせることも出来る。モンティーリャ・モリレスのタイプやスタイルはちょっとやっかいである。基本的には「フィノ」と「オロロソ」に分類できるわけだが、この表示法がシェリーと混同するという理由でイギリス市場で使えないことになった関係でフィノのことを「ペール・ドライ・モンティーリャ」と呼んだりしているからである。現在のところ、次のような名前で呼ばれるタイプがある。

モンティーリャ・クリーム：摘果をマットの上で約二週間天日干しにして、ごく甘くしたワイン。深いマホガニー色。

ペイル・クリーム・モンティーリャ：フィノに濃縮果汁を加えて甘くしたもの、甘味やや弱し。

モンティーリャ・アモンティリャード：微甘口から辛口まで。干しブドウやナッツの香味をもつ。

オロロソ・セコ：ソレラでオロロソだけを選んだもの。辛口から極辛口。果実味とコクがあり後味がピリッとする。

ペドロ・ヒメネス：この名のブドウだけで造る。ソフトでフルレーズン風味、燻香を帯びる。

これらのブレンドもののヴァリエーションがある。最大のメーカー、アルベアル社の「セ・ベ」（ＣＢ）は有名だが、辛口でピリッとした後味がある。

現在かなりの数のメーカーがあるが、最大かつ代表的メーカーはアルベアル ALVEAR。それに次ぐのがペレス・バルケロ PÉREZ BARQUERO で、これが大手二社で業界をリードしている。

コンダード・デ・ウエルバ　Condado de Huelva

スペインの最南西端のＤＯワイン産地（一九六二年から）。大西洋に面した海岸地帯で、シェリー産地の西にぽつんと孤立している。栽培面積約二四〇〇ヘクタール、年生産量一万キロリットル。海抜四〇〇メートルの平坦地で、沖積土に砂質、白亜、粘土質土壌。大西洋の影響を受ける地中海性気候。生産される七五％が白ワインで、二五％が酒精強化《フォーティファイド》ワイン。ブドウは八五％がサレマ Zalema 種。あとはパロミノ・ガリド、マスカット・オブ・アレキサンドリア、ペドロ・ヒメネス（最近はシャルドネやソーヴィニヨン・ブラン、コロンバール、ヴィオニエなどを試栽培中）。めぼしいボデガはない。中心になる町はボリュリョス・パル・デル・コンダード。

酒精強化ワインはシェリーに太刀打ち出来ないが、コンダード・パリドがフィノ、コンダード・ビエホがオロロソに当る。

中心地で造られる「プリビレジョ・デル・コンダード・サレマ」は地元種のサレマから低温発酵で造られる軽質の白ワインで、収穫期から一年以内までの新酒は快軽で注目を引いている。

ヘレス・ケレス・シェリー　Jerez, Xerez, Sherry

(1) シェリーの誤解

シェリーはスペインでなくては生まれないワインであり、スペインが世界に誇れるワインである。その極上品は、クラシック・ワインとして世界の極上ワインのランクに入れられる。ただ、いろいろな事情が重なって日本ではその真価がよく理解されていない。シェリーは日本には明治時代から入っていたが、誤解されたまま飲まれて来た。第二次大戦後、シェリーが酒屋の店頭に現われ出した頃は、ブリストル・クリームというようなものも入っていたが、黄色いラベルに帽子とマントをはおった男のシルエットがトレード・マークのサンデマン社のシェリーが市場を占めていた。そしてシェリーはそのようなものと思いこまれていた。そのうち、ゴンザレス・ビアス社の「ティオ・ペペ」が、呼びよい名前と日本人に合った味（宣伝力もあって）であっという間に市場を圧巻し、ティオ・ペペがシェリーの代名詞のようになってしまった。と言っても、シャンパンが今日のように普及するまでは、レストランで食前酒《アペリティフ》として一杯するというのがほとんどだった。シェリーには実に多種多様なものがあり、それぞれいろいろな飲み方、楽しみ方があるのはほとんど知られていなかったのである。年代物のヴィンテージ・シェリーの逸品があるということすら相当の酒通でも知らなかった（というより輸入されていなかった）。

シェリーは、ワインとしては異色である。普通のワインとは毛並みが違うのだ。なぜかというと、シェリーは「酒精強化ワイン《フォーティファイド》」である。つまり発酵の過程で、ワインから造ったブランディ（蒸留酒）を加える。しかし出来上がったワインにアルコールを加えて強くするという邪道で造ったものでない。もうひとつは、シェリーの造り方（醸造法）が普通のワインと全く違う。だからシェリーならではの独特の素晴らしい香りと味わいを備えているのだ。なぜ、そんなことをしたのかというと、いろいろな歴史的事情があった。そうしたことから、イギリス人に惚れこまれ、大英帝国の世界制覇に伴って世界中に拡がって行ったのである。その意味で、シェリーはスペイン生まれのまぎれもなくスペインのワインだが、育ての親はイギリス人だったという点でも異色なのである。

酒精強化《フォーティファイド》したワイン。悪く言えばアル添ワインだが、それが実にシェリーを面白いものにしている。もとはと言えば、寒冷な気候のイギリスを始め北ヨーロッパの人達は寒さをしのぐため強いワインが欲しかった。もうひとつは、酒精強化ワインは保存がきく。今日のようにワインがすべて瓶詰めでなくて樽詰めだった時代、ワインは半年もすると饐えて酸っぱくなり変質した。運搬手段が発達していなかった時代、ことに航海が重要だった時代、保存がきく酒精強化《フォーティファイド》ワインは重宝だったのだ。だからイギリスの大帝国艦隊《ロイヤルネイビィ》の必需品になり、その味をしめた船員達が陸に上っても常飲するようになった。シェークスピアの史劇『ヘンリー四世』の中に呑ん兵衛のフォルスタッフがシェリー讃歌の長広舌を述べる有名なくだりがあるが（一九一頁コラム参照）、これなどもイギリス人がシェリー好きだったことを象徴している。酒精強化という点では、シェリーは他のワインに比べてアルコールが強いという点だけが知られているが、実は重要な長所がある。普通のワインは瓶の栓をいったん抜いたら一本飲みほさなければならない。ところがシェリーはすぐ味が変るということがないから、栓を抜いても一週間や二週間は飲むことができる。

イギリスに「シェリーは時を選ばない」という諺がある。普通のワインのように、食事の時に食べ物に合わせて飲むということを考えなくてよいということなのである。イギリスのジェントルマンはしばしば日中、勤め先の仕事の合い間に気分転換のひと休みの時にシェリーを一杯楽しんでいるという光景をみかける。ウィスキーとちがうのだ。

もうひとつ、日本人にとって見逃せない点がある。アルコールが強いと言ってもたかがしれたもので、蒸留酒のように舌に強烈な刺激を与え、頭をくらくらっとさせるようなものでない。むしろこくがあるなあと感じさせるくらいである。ということは普通のワインよりアルコールが強い点が日本酒に似ている。日本酒と同じくらいの強さなのだ。だから日本酒をお猪口でちびちび飲むように、シェリーはのんびりとするように飲むのに向いている。ガブ飲みには向かない。

(2) シェリーの種類

シェリーにはいろいろなものがあると言われる。確かに醸造の過程ではシェリーはいろいろのカテゴリーに分類されている。しかし、飲む方の立場としては、後述のように大きくみて四つのタイプがあると覚えておけばいい。しかし、ラベルなどには種類の用語が刷られていることもあるから、一応その説明をしておく。シェリーは大きくみてフィノとオロロソに二分され、それぞれがさらに三つずつに分けられている。そしてこの二系統に入らないものが三つほどある。理論上次の九つのタイプがあることになる。分類すると次のようになる。

フィノ Finos	パルマ	Palmas
	マンサニーリャ	Manzanillas
	アモンティリャード	Amantillado
オロロソ Olorosos	パロ・コルタド	Palos Cortado
	オロロソ	Olorosos
	ラヤ	Rayas
その他	アボカドス	Abocados
	ペドロ・ヒメネス	Pedro Ximénez
	モスカテル	Moscatel

要するに、シェリーの基本形としてはフィノとオロロソがあるわけである。発酵が終わって新酒が誕生すると、性格が軽快でエレガントなものに仕上りそうなものはフィノ（fino は英語の fine）と呼ばれ、ソレラ・システムの中で産膜酵母を繁殖させるので、特有の芳香がつく。これに対しやや重厚な風味でフィノに向かないものはオロロソに仕上げる。アルコール添加によってアルコール度数を高

め産膜酵母が発生しないように熟成させる。そのため酸化によって重厚なフレーバーを持つようになる。フィノはライトでドライなタイプ。オロロソはフルボディ・タイプである。

右の分類表は、ワインの性質、外見、味わいなどを製造上の必要から分類したもので、実際に市販されている瓶のワインが、この分類通りになっているわけでない。飲む側としては、次のようなフィノ、マンサニーリャ、アモンティリャード、オロロソの四つのタイプと、それらのブレンドものがあるということを知っていればいい。

フィノ

これぞシェリーの王者、これぞシェリーと言える一度飲んだら忘れられない独特の香りを持っている。色は淡い琥珀色か黄金色だが、メーカーによって濃さと色調は微妙に変る。基本的に辛口《ドライ》。口当りは滑らかで酒軀の肉付きがいい。つまり普通のワインに比べて味に厚みがあって、こくがあり、飲みごたえがある。呑ん兵衛諸君にとっては、普通のワインより頼りがいがあるわけだ。また食事に合わせて一緒に飲む必要がない。アペリティフに向いているのは確かだが、食事と一緒にやっても差支えがない。ただ、同じフィノと言ってもメーカーによって味は微妙に変る。ティオ・ペペはその点ではフィノ・シェリーの代表選手。フィノの見本と言ってよいくらいだから、まずこれを飲みこんでフィノの良さを舌に覚えさせ、その上で他のメーカーのものと飲み比べてみると実に面白い。

マンサニーリャ

これは広い意味ではフィノなのだが、生まれる場所の関係で特別に扱われている。普通のフィノに比べると、より新鮮《フレッシュ》で、軽やか、爽やか。同じシェリーでも、生産地の中心のヘレスの町周辺のものとちがって、少し西側のグアダルキビル河沿いのサンルーカル・デ・バラメーダ地区の生まれ。ブドウが海風に吹きさらされているから塩味がするということになっているが、これはあやしい。とにかく新鮮《フレッシュ》で軽やかなところが取り得だったが、最近はメーカーによってかなり古くて重厚なものが現われている（これはパサダ Pasada と呼ばれている）。

なおマンサニーリャではないが、本格的フィノほど格調が高くなく、繊細《ひよわ》でぐっと気安く飲めるものがある。これは「パルマ」と呼ばれていて、もっぱら地元で飲まれてしまっているから、輸出市場に顔を出すことは滅多にない。

アモンティリャード

これはマンサニーリャと逆に、フィノなのだが長期熟成したもの。新鮮でなく熟成・複雑さが特徴。というより、これがシェリーの極上物、真打ち的な存在と言ったらいい。昔は貴重品だったから、かのミステリー小説の元祖エドガー・アラン・ポー（日本の推理小説のドン、江戸川乱歩はこの名前を借用した）が、『アモンティリャードの樽』という小品を書いたくらいである。かなり上級のワインを飲みこんで極上ワインとはどのようなものかを知っている酒通の人なら、飲んで失望することがない。色はやさしく黄金色、ただメーカーによって濃い薄いがある。フィノが新鮮で爽やかなら、アモンティリャードはまさしく熟成香、深み、複雑と精妙さ、気品があって、めりはりがある。口当りは言うまでもなく滑らかで、ナッティ（アーモンドやヘーゼルナッツ）なフレーバーがある。厚みのある酒軀はいわゆる「こく」があり、舌の上に味のかたまりが漂い、デリケートで複雑な味が溶けて行く。全くの辛口だが、酸味が舌を刺すような刺激をもたず、むしろアルコールが強くしっかりとした酒軀が厚いため後味で甘くさえ感じることがある。しかし糖分の甘味とは全く異質。フィノと並べて飲むと熟成美というものを実感させられる。

オロロソ

オロロソの名前を単独で銘柄名とする瓶もあるが、オロロソ表示こそはしないが、明らかにオロロソ主体であることがわかるものがある。特徴はなんと言っても色は濃い焦げ茶色で暗黒色に近いものまである。ものによっては燻し香を感じさせるものがある。オロロソは甘いと考えている人がいるが（多分ペドロ・ヒメネスが混じっているのだろう）、オロロソは本来全くの辛口。気品とか精妙さに欠けるが、堂々たる押し出しがあり、たっぷりとした「こく」がある。後味は複雑である。

その他のマイナーな少し変ったシェリー

マンサニーリャ、フィノ、アモンティリャード、オロロソがなんと言ってもシェリーの主流になるが、それ以外にも少し変ったものがある。マイナーと言っても味が劣るというわけでなく生産量が少ないので、輸出市場であまり見かけないだけである。それぞれ変ったところがあって面白く、少ないながらも存在感を誇示している。ひとつは「モスカテル」。普通のシェリーはパロミノ種のブドウを使うが、これはマスカット種を使う。特有の芳香を帯びる。フィノのように淡い黄色で辛口が普通だが、暗褐色の甘口もある。次が「パロ・コルタド」。これは、いわばアモンティリャードとオロロソの中間タイプ。口当りはクリーンだが、味はオロロソのようにフルボディ。めったに市場に出ない。「ラヤ」これも滅多に見かけないがオロロソをもっとフルボディにして少し荒っぽい感じ。「ペドロ・ヒメネス」これは色が暗褐色で黒砂糖のような感じ。重厚で甘口から極甘口。これを初めて飲んだら「これがシェリー？」と驚かされるだろう。ほとんどがブレンドに使われるから、これが単品で市場に出されることはあまりない。

ブレンド・シェリー

シェリーには右に述べたように、いくつかの種類があるわけだが、ラベルにその名前が出てくるとはかぎらない。各メーカーや輸入業者がそれぞれをブレンドして、これぞ消費者に好かれるだろうという味をつくり出しているからだ。その中で一番有名なのが、ブリストルに本社があった輸入業者のハーベイ社がヘレスで造ったシェリーをブリストルでブレンドした「ブリストル・クリーム」。クリームのように口当りがいいというので、こんな名前をつけた（裁判沙汰になった）。ほどよい甘味があり、かつてはイギリス市場を圧巻し、シェリーの代名詞になったくらいである。今では各メーカーもブレンドものを造り、それぞれ愛称をつけて売り出している。大体口当りがよくて飲みよいが、各メーカーがそれぞれ自社流の名称をつけているから、飲んでみないとどんな味かわからない。

（3）シェリーの製造法

シェリーが普通のワインとは違う一風変ったワインだということは、その造り方が違うということである。単にアルコールを強化するからでない。シェリーがなぜ特有のワインになるかという要点を説明しておこう。

ブドウ栽培

シェリーを生む場所はヘレス市（ヘレス・デ・ラ・フロンテラ）とエル・プエルト・デ・サンタマリアとサンルーカル・デ・バラメーダとを結ぶ「三角地帯」と呼ばれるところである。このサンルーカル・デ・バラメーダと呼ばれる地区のシェリーは「マンサニーリャ」になる。

この三角地帯の中で、白亜・石灰質の土壌を「アルバリサ」と呼ぶ。ここで、栽培されたブドウが上質のシェリーを生む（バロスと呼ばれる黒土や砂質の場所もあるが、そうした畑のブドウは、二級ワイン向きかブレンド用に使われる）。栽培されている品種は「パロミノ」種が主体である。モスカテルとペドロ・ヒメネスも栽培されているが、それから造ったシェリーは、このブドウ品種名がつく。いろいろな理由があるからだろうが、支柱で支えない藪仕立てと呼ばれる古い栽培法をしているところも残っているが、現在はボジョレのゴブレット仕立てに似た方法で列を作って植えられているところが多い（ヨーロッパ一般で行なっているギョー仕立てのような主幹を横に長く伸ばす方法を取らず、主幹が短い）。

シェリーが他のところと変っているのは摘み取ったブドウを円形のカヤ草で作られた丸いゴザ（エスパルト）の上にひろげ、水分を蒸発させて乾燥させるため、一二～二四時間そのまま放置する点である。

圧搾

醸造所へ運ばれたブドウは「ラガー」と呼ばれる平たく浅い圧搾漕（三、四メートルの正方型で側壁の高さが五、六〇センチの深さ）に入れられ、四人位の男が裏に鋲状の突起がついた皮靴でブドウを踏みつぶす。この時に一定量の石膏の粉をふりかける。踏みつぶしが終わると、果皮などの搾りかすはラガーの中央に据えてある鉄棒のところに集めカヤ（エスパルト）で作った帯をまいて締めつけて、さらに果汁を絞る。もっとも、最近ではこうした伝統的圧搾法をしないで普通の圧搾器を使って果汁を絞るところが増えている。

発酵

絞った果汁は樽に入れて数時間たつと激しい発酵が始まり、果汁が泡立ち始める（大体六〜八時間）。この沸騰が終わり、二、三日後に発酵が終了する。これからがシェリーの醸造の変ったところで、小樽に詰めかえられた発酵果汁は年二回（四月〜五月と八月〜九月）、樽底に堆積した沈殿物が再増殖のためにワインの表層に浮かび上がって、泡のかたまりのような皮膜を形成する。これを「フロール（産膜酵母）」と呼んでいるが、その主成分は酵母の胞子からなっている。通常のワインではこのようなことをすると酸敗するが、シェリーの場合は、このフロールがシェリー特有の香りを生むわけである。

熟成

発酵が終わった樽のワインは第一回の澱引きが行なわれるが、一月から三月（時によっては七月〜八月）の間にアルコール添加が行なわれる。二回目の澱引きが終わるとクリアデラ（保育所の意味）に移される。澱引きが終わる前に樽のワインはそれぞれチェックされる。この時点までの間に、各樽のワインはフィノになるかオロロソになるか区別され、それぞれ別のクリアデラへ行く。

ここで、シェリー独特のソレラ・システムが行なわれる。各クリアデラでは樽が三段ないしは四段に積まれている。ワインを出荷する場合は一番下の樽から抜き取る。その分だけ三段目の樽のワインで補充する。三番目の樽には二番目のワインを移す。二番目には一番上の樽のワインを移す。そして一番上の樽の空いた量の部分だけ、外から運ばれた新しいワインで補充する。こうした特殊な熟成・

庫出し方法でシェリーは安定して均一的な品質を維持できるわけである。

逆の言い方をすると、シェリーには収穫年が表示されないし、ソレラ・システムを使うかぎり、年代物のヴィンテージワインは出来ない。シェリーのヴィンテージものは、初めから樽のワインを移しかえないで、熟成、保存させなければならないから、今まで市場に現われなかったのである。

(4) シェリーのメーカー

いろいろな歴史的事情とか、保守的な業界の体質、また消費者が地元を別にすればイギリス人と英語圏に限られていた関係があって、生産者は大手の寡占だった。そして輸出されるものは単調で型にはまっていた。日本でみても戦後初期はサンデマン社の「ドン」、その後はゴンザレス・ビアス社の「ティオ・ペペ」が市場を独占していた。シェリーの極上物とか、ヴィンテージ物などは話に聞いていても手に入らなかった。もともと、シェリーはワインとして特殊なものだったから消費者層が限られていた。それをイギリスの植民地だったオーストラリアと南アフリカが、自国産の僭称シェリーを作り出して、この大市場を奪った。さらに悪いことにイギリス人のシェリー離れという現象が起きた。いうならば、この伝統と栄誉をもつシェリーは二〇世紀の後半、マンネリに陥り、斜陽の影がさした。

こうした停滞を破ったのが、エミリオ・ルスタウ社であり「アルマセニスタ」の出現である。アルマセニスタとは、古くから伝わるボデガを持ち、代々受け継がれてきた素晴らしいシェリーをストックしている人々のこと。シェリーは大手の寡占といっても輸出市場での話であって、数多くの中小零細生産者がいる。ブドウを栽培し、ワインを造るところまではやるが、自分で瓶詰めをして出荷しない(いや、出来ない)ところがほとんどである。しかし、その中には個性的で優れた品質のものを造っているところがないわけでない。これに目をつけたのがエミリオ・ルスタウである。もともとアルマセニスタだった義父の仕事を引継ぎ、一九五〇年に出荷もするようになった。さらに一九八〇年に経営を担当するようになったラファエル・バラオは、多くのアルマセニスタのシェリーを引き取って、そのままボトリングし、造り手名をラベルに表示する「アルマセニスタ」シリーズを発売し始めた。いわばブルゴーニュにおけるネゴシアン・ワインに対する「ドメーヌ」ものと同じ路線である。もともと、ここのボデガはアルマセニスタとして特有のもので、知る人の関心を引いていた。斬新なボトルのデザイン、ユニークで傑出した品質のシェリーは、シェリー愛好家の注目の的になった。現在はルイス・カバリエーロ社の傘下に入っているが、アルマセニスタの製品を世に出すというその営業方針は変らず四〇種以上のアイテムを出している。ここがシェリー界で無視されなくなった好例は「ラ・イーナ」La Inaである。この愛称はかつてはペドロ・ドメックを代表する銘柄だったが、現在はエミリオ・ルスタウ社の手で熟成販売されているくらいである。このルスタウ社の新機軸に刺激された大手メーカーも、それぞれ品質の見直し、製品のラインナップの整理を行ない、現代的シェリーへの装いを変えつつある。各社が大体三種から六種くらいのシェリーを出しているが、日本でも二〇一三年現在（エミリオ・ルスタウのアルマセニスタを別にして）二三社のシェリーが輸入されるようになっている。一〇年位前のシェリーしか知らなかった人は、現在のシェリーを見直してみると、その変貌ぶりに驚かされるだろう。どのようなシェリーが市場に出ているかは、講談社の『世界の名酒辞典』二〇一三年度版を見るとわかる。メーカーによって味が違うから日本で手に入るものの社名を紹介しておこう（(Bodegas) と記したものは、社名の前にBodegasがつく）。

Álvaro Domecq SL　アルバロ・ドメック社

古く有名なペドロ・ドメックを手放したドメック家が、ピラール・アランダを買収、新スタートした。

A.R. Valdespino　A・R・バルデスピノ社

一三世紀からの歴史を持つバルデスピノ家の家族経営。高品質に特化。現在ホセ・エステベス社傘下。

Barbadillo (Bodegas)　ボデガス・バルバディーリョ

家族経営だがサンルーカル最大規模のボデガ。一八二一年創業。

Barón S.A. (Bodegas)　ボデガス・バロン社

マヌエル・バロンが一七世紀から続く妻方のボデガを引きついで創業。

Croft Jerez　クロフト

有名なポートのメーカーのクロフトはギルビー社に買収され、ゴンザレス・ビアス社がこの名のシェリーを出している。

Delgado Zuleta　デルガド・スレタ社

一七四四年創業の老舗。Goyaゴヤが看板ブランドのマンサニーリャ。

Emilio Hidalgo S.A.　エミリオ・イダルゴ社

ヘレス市の街中にあり、イダルゴ家が経営。一八七四年創業。

Emilio Lustau S.A.　エミリオ・ルスタウ社

数々の傑出した「アルマセニスタ」は驚きと陶酔の連続、シェリーの花園。

Federico Paternina S.A. フェデリコ・パテルニーナ社

一八九六年創設。現在はリオハのフェデリコ社の支部、多彩な品揃え、インペリアルは秀逸。

Garvey (Bodegas) ボデガス・ガルベイ社

一七八〇年にアイルランド人ウィリアム・ガーヴェイが創設。サン・パトリシオが代表銘柄。

González Byass S.A. ゴンザレス・ビアス社

一八三五年創設。ロンドンのエージェント・バイアスが社名になった。代表銘柄はティオ・ペペ。

Gutiérrez Colosia グティエレス・コロシア

一八三八年創設。エル・プエルト・デ・サンタアリアにある家族経営のボデガ。

Harveys (Bodegas) ボデガス・ハーベイズ

一七九六年イギリスのブリストルで創業。代表銘柄ブリストル・クリームはイギリスで大人気だった。

Herederos de Argüeso S.A. エレデロス・デ・アルグエソ社

一八二二年アルグエソがサンルーカルに設立。「サン・レオン」の銘柄はマンサニーリャの代表格、古酒あり。

Hidalgo La Gitana S.A. (Bodegas) ボデガス・イダルゴ・ラ・ヒターナ社

一七九二年創設のイダルゴ家の家族経営。主要銘柄の「ラ・ヒターナ」はマンサニーリャでジプシー女の意味。

José Estevez ホセ・エステベス社

一八五二年創設。代表ブランド「ラ・ギータ」La Guita は麻ひもがついている。

José Pemartin　ホセ・ペマルティン

一八一〇年創業、現在は前述のフェデリコ社のブランドのひとつ。モスカテルから造った極甘口。

María del Pilar García de Velasco Pérez　マリア・デル・ピラール・ガルシア・デ・ベラスコ・ペレス

一七五八年創業の小ボデガ、銘柄「ラ・シガレラ」は葉巻売りの意味。マンサニーリャ。

Marqués de Irún　マルケス・デ・イルン

一七九〇年以来のブランドをエミリオ・ルスタウが復活。現在はルイス・カバリエーロ傘下。品質優秀。

Marqués del Real Tesoro　マルケス・デル・レアル・テソーロ社

一八九七年創業。「王家の財宝侯爵」が社名。現在ホセ・エステベス社傘下。

Osborne S.A.　オズボーン社

一七七二年イギリス人オズボーンが創設。一九五七年以来スペインのシンボル「黒い雄牛」がトレード・マーク。

Pedro Romero S.A.　ペドロ・ロメロ社

一八六〇年ビセンテ・ロメロがサンルーカルで創設。繊細なマンサニーリャ。

Pernod Ricard　ペルノ・リカール社

一七三四年アイルランド人が創業。後にドメックが継承。現在は有名リキュール会社の傘下。

Sánchez Romate Hnos S.A.　サンチェス・ロマテ社

一七八一年創設。現在もヘレスで伝統を守る家族経営、長期熟成の逸品の品揃え。

Sandeman Jeres S.L. サンデマン・ヘレス社

一七九〇年スコットランド人のサンデマンがロンドンで設立。黒マント、黒帽子の「ドン」がトレード・マーク。

Williams & Humbert S.A. (Bodegas) ボデガス・ウィリアム・ハンバート社

一八七七年ウィリアムズとハンバートが設立。中辛口のドライ・サックは世界的に有名。スタンダードの高品質。

〈もっと知りたい人に〉

シェリーについて日本で早く紹介したのはアンドレ・シモンの『世界のワイン』(原題 The Commonsense of Wine, André L. Simon) 山本博訳、柴田書店、一九七三年刊。その後、一九九二年に『シェリー・・・高貴なワイン』マヌエル・M・ゴンザレス・ゴードン著 大塚謙一監訳、鎌倉書房刊)が出された。現在のところ、これが最も詳しく、正確。二〇〇三年に『シェリー、ポート、マデイラの本』明比淑子著(小学館刊)が出された。これはわかり易い普及版。メーカーの紹介は詳しい。今のところ読んで一番楽しくシェリーのことがよくわかる本はハンディ版だが、中瀬航也著の『シェリー酒——知られざるスペイン・ワイン』(PHPエル新書、二〇〇三年刊)だろう。

原書としては次の二冊が有名だが、現在ではデータが古くなっている。

"Sherry" Julian Jeffs, Faber 1961

"The New Wines of Spain" Tony Lord, Christopher Helm 1982

"Sherry" Wim Mey, ASJOBURO 1988

"Los vinos de Jerez, Jerez-Xérès-Sherry" INFE 1987

"The Wines of Spain" Jan Read, Faber & Faber 1982

現在日本で入手出来るものは『世界の名酒辞典』講談社、二〇一三年版を見るとわかる。また、あまり知られていないが、シェリーには極上のブランディもある。

シェークスピアのシェリー礼賛――「ヘンリー四世〈第2部〉」第四幕第三場

「あの特級シェリー酒って奴にゃァ二重の功績がある。第一にまず、グッと、こう、頭にくらァね。とたんに、頭ん中にモヤモヤしてやがった下らねえガス、ドロリとたまった毒気って奴が、みるみるパッと蒸発しやァがってよ、いや、その頭の切れること、働くことったらありやァしねえ。智謀湧くがごとしってのァあのことだ。おまけに、愉快な、ピチピチ生きのいい物の形象って奴が、わんさと浮かんできやァがる。そいつが声に乗り移るってえと、たちまちこれが当意即妙の頓智、駄じゃれってことになるわけだよな。

それから、もう一つ、これも銘酒シェリーの功徳ってのァ、総身の血がカッカと熱り出すってこと。もともとこの血って野郎、妙に冷くよどんでやがって、おかげで、肝の臓まで生っ白《チロ》く見えやがる——つまり、臆病、腰抜けってことの看板だね——ところが、シェリーをひとつひっかけてみな。とたんに、全身ポーッとなり、五臓六腑、総身の隅々まで駆けめぐるってことよ。第一、顔の輝きからしてちがってくらァね。いうなれば、あののろしって奴だな。人間というこの小王国を、国中の人民どもが、みるみるワーッと御大将、つまり、心臓のまわりに集ってくるって寸法よ、な。この同勢にとりまかれりゃ、大将だって気が強えや、おかげで勇ましい手柄もできようって道理。そうした勇気も、みんなシェリーの功徳ってもんだ。だからよ。剣術なんてったところで、酒抜きじゃァヘチマの皮。生かすのァみんな酒なんだからな。学問なんてものも同じよ。酒が入ってエンジンをかけるんでなきゃ、なァに、悪魔が隠した黄金の山も同然。あのハル公が強えなんてのも、みんなこのシェリーのおかげ。だいたいあの野郎ってのが、生まれは、すっかり親父の冷血を受けやがって、たとえていやァ小石まじりの瘦せっ畑なんだが、それがどうだな、上等飛び切りの肥料ってもんだ。しこたまシェリー酒をくれてやり、さんざ耕したおかげでよ、どうやらあのとおりの熱血漢にもなれたってことよ。おれに倅の千人でもいてもみろ、第一に言って聞かせる修身ってのァな、水っぽい酒なんざ七里結界、サック酒ならいっそ浴びるほど飲めって、まずはこれだァね。」

（中野好夫訳、岩波文庫）

XII　スペイン諸島

地中海西部、バルセロナとコルシカ島との中間あたりに「バレアレス諸島」がある。アフリカはモロッコの沖合大西洋に「カナリア諸島」がある。いずれも小さな島だが、昔から無視できないワインを出している。

バレアレス諸島　ISLAS BALEARES

五つの島があるが、中央のマヨルカ島 MALLORCA が一番大きく、東にメノルカ島 MENORCA があり、西にイビサ島 IBIZA がある。沖縄本島の約三倍の面積（三六四〇平方キロメートル）のマヨルカ島は、フェニキア人の時代から地中海航路の重要な基点だった。年間三〇〇日以上が晴天という気候と美しい自然（険しい山もある）に恵まれ、昔から地中海の楽園と呼ばれて来た。バルセロナからの航路で手軽に行けるため、太陽とビーチを求める人を引きつけ、ヨーロッパ屈指のリゾート地

バレアレス諸島

になっている。かつてショパンとジョルジュ・サンドが暮し、ショパンが有名な「雨だれ」の曲を生んでいる。ここのワインもよく知られていて、現在はビニサレム・マヨルカ Binissalem Mallorca（一九九〇年）と、プラ・イ・リェバン Pla i Llevant（二〇〇〇年）の二つのＤＯがある。

「ビニサレム」の方はマヨルカ島の西半分の中央にあり、北西の海岸沿いにあるトラムンタナ山脈で北風から守られ、南に州都パルマ市がある関係で、ブドウ畑とワイン造りで繁栄している。栽培面積約六〇〇ヘクタール、年生産約一七〇〇キロリットル、標高七五～二〇〇メートル、白亜と粘土の石灰質土壌の平坦地で地中海性気候、年間降水量は四五〇ミリ。気温はマイナス一から三五度。ワインは赤が七〇%、ロゼが一一%、白が一九%である。ボデガが一五軒ある。ブドウは赤はマント・ネグロが主体で、テンプラニーリョ、モナストレルや最近はカベルネ・ソーヴィニヨンやメルロ、シラーまでが使われている。白は産地のモル（プレンサル・ブラン）が主体でマカベオ、パレリャーダもあるが、最近はシャルドネやモスカテル、シュナン・ブランやソーヴィニヨン・ブランまでがブレンドに使われている（モルはカタルーニャのチャレッロに似ている）。マント・ネグロから造られる軽い赤がこの島の名物で、ほとんど観光客に飲まれてしまう。これを強くして味わいとこくを出すために、いろいろな品種をブレンドしている。白の方も軽快で若いうちに飲むと魅力的である。

「プラ・イ・リェバン」は島の東半分が産地で、栽培面積約三〇〇ヘクタール、年生産量が八キロリットル、土質は赤色粘土質の沖積土。ワインは赤、白、ロゼ、ボデガ数が一三軒。ブドウは赤は土産種のカリェット、フォゴノーが主体で、テンプラニーリョやマント・ネグロも使う（最近はカベルネ・ソーヴィニヨンやメルロも使うようになった）。白はモル（プレンサル・ブラン）、モスカテル、マカベオ、パレリャーダ、最近はシャルドネも。こちらの方はビニサレムに比べ一段低く見られていてビノ・デ・ラ・ティエラの主産地だったが、二〇〇〇年のDO昇格後は新しいワイン造りが広がっている。もともと軽快なフレッシュ・アンド・フルーティが取り得のワインだったが、樽熟成をするようになったり、外来種をブレンドするようになって、地酒の良さを失ったと批判するむきと、品質が向上したと賞讃する人もある。ただ、ニュースタイルのワインが一般に高品質になったと言えることは事実である。

カナリア諸島　ISLAS CANARIS

アフリカはモロッコの西、大西洋の沖合いに二つの群島、マディラ諸島とカナリア諸島がある。マディラはポルトガル領、カナリアはスペイン領で、大航海時代から北のマディラ諸島は北米、南のカナリア諸島は南米への重要な海上中継地だった。

可憐な声で囀る黄色いカナリアはカナリア諸島が原産地である。今ではマディラ島はワインで有名

カナリア諸島

だが、カナリア島のワインはほとんど知られていなくて、この島がカナリアの原産地であることが知られているくらいである。しかしカナリア島も大量のワインを出していたので、エリザベス女王時代がハイライトだった。かのシェークスピアも史劇「ヘンリー四世〈第2部〉」（第二幕第四場）で酒場の女将にこう言わせている。「あなた少しカナリー酒を飲みすぎたんじゃあないこと？　あれはおっそろしく全身にしみわたるお酒よ。『なあに、これ？』なんて言っている暇もないほどたちまちからだじゅうの血を凍結させちまうんだ……」（小田島雄志訳）しかし、そのようにイギリス人に愛されたカナリア島の甘口ワインは諸事情から衰退してしまう。

カナリア諸島の七つの島の中で現在ワインを生産しているのは六つの島である（フォルテベントゥーラ島だけはワインを出していない）。ところが全体でたいした生産量がないにも拘らず、一〇のDOが指定されている。もともとカナリア諸島は火山列島で、標高三七一八メートルのテイデ活火山を始めとして山が多く、その土質も火山灰土壌だが、白色もあれば黒色もあって一様でない。標高の高い斜面畑もあれば平野畑もある。また大西洋の北からの季節風に吹きさらされるが、海ぎわに山があって防がれているところもある。要は畑の場所によって、ブドウ生育のための諸条件が一様でないからである。

生産量の一番多いのがテネリフェ島だが、一つの島の中に五つのDOがある。北東部の「タコロンテ・アセンテホ」は栽培面積が諸島の中で最大。畑は標高一〇〇～一〇〇〇メートルの斜面に拡がる。赤が大半でワインはホーベン（醸造後すぐに瓶詰めする若飲みタイプ）スタイルのものだけでなく最近は樽熟成タイプも増えている。近代的設備を備えたワイナリーが多く輸出にも力を入れている。「バジェ・デ・ラ・オロタバ」は島の中央部北側、畑は標高一〇〇～九〇〇メートルまでの斜面、火山岩の基盤に粘土と砂質土壌、降水量は少ないが、西からの湿った貿易風のおかげで湿気がある。リスタン・ブランコから辛口の白、リスタン・ネグロからの赤が主流。「イコデン・ダウテ・イソーラ」は島の北西部。テイデ山の北西山麓。標高五〇～一四〇〇メートルの斜面に畑がある。西からの貿易風のため島内で最も湿度が高い。リスタン・ブランコを主体とする白で知られている。赤やロゼも出すが、ほとんどがホーベン・タイプ。島の西南部が「アボナ」。テイデ山の南の裾野。畑は標高二〇〇～一七五〇メートルまで。赤、白、ロゼを出すが、一般にシンプルでホーベンタイプで白が多い。アボナとタコロンテ・アセンテホの間が「バジェ・デ・グイマール」。海岸近くから標高一五〇〇までに畑がある。リスタン・ブランコなどから造るホーベンタイプの白が主流。甘口の白、ロゼ、赤も出す。

カナリア諸島の中で政治・経済の中心がグラン・カナリア島。島の中心にピコ・デ・ラス・ニエベス山（標高一九四九メートル）がある擂り鉢型の丸い島で、以前はDOモンテ・デ・レンティスカルとその他の産地があったが、これを統合して島全体がDO「グラン・カナリア」になった。畑は中央火山の斜面の標高五〇～一三〇〇メートルのところにある。ホーベン・タイプのフレッシュなワインが主流。

諸島の中で北東端にあるのがランサローテ島、一七三〇年から火山活動が続いている。地表は火山灰に覆われているので、下の土のところまで穴を掘ってブドウを一本ずつ植えている。DO「ランサローテ」で出すワインは白の甘口。最近はホーベンタイプの白、赤、ロゼも出す。

諸島の北西端がラ・パルマ島で、ワインはDO「ラ・パルマ」。諸島の中で緑と水が豊かで、イスラ・ボニータ（可愛い島）と呼ばれ、標高二〇〇〜一五〇〇メートルの斜面に段々畑が拡がる。火山岩の基盤に肥沃な表土。白は愛すべき名前のせいもあって有名。マルバシアが主要品種で甘口から辛口まで。

スペイン最西端の火山島がエル・イエロ。ラ・パルマと同じように標高一二五〜七〇〇メートルまでの段々畑。土壌は表土に砂や粘土が加わる。DOは「エル・イエロ」。テネリフェ島とエル・イエロ島の間にあるのがラ・ゴメラ島。島のワインがDO「ラ・ゴメラ」として認められたのは二〇〇九年で一番新しいDO。冷たく湿った貿易風の影響で北部の方が南部より涼しく、湿度が高い関係で北の方に畑がかたまっている。ここも急傾斜の段々畑、土着のフォラステラ・ブランカを使った白ワインがほとんど。

XIII　ビノス・デ・パゴ Vinos de Pago

スペインの原産地呼称制度の中で二〇〇三年からひとつの新制度が生まれた。

従来の原産地呼称制度の下では、原産地呼称のＤＯ（またはＤＯＣａ）地区以外で造られたワインは、それがいくら秀逸であっても単なる「ビノ・デ・メサ」（テーブルワイン）として扱われていた。これでは、どうみても不公平だし、傑出した中で優れたワインを生み出そうとする生産者の創意と努力を無視するものだという反省の上に立って生まれたものである。それはひとつの地域・地区でなく、あるひとつの限定されたブドウ畑（パゴ Pago）だけを原産地呼称の対象にしようというものである（英語の Single Vineyard、フランスはブルゴーニュの「クリマ」に相当する）。これは当初州レベルで認め、次いで中央政府に認められることになった。

二〇〇九年一〇月現在、カスティーリャ・ラ・マンチャ州で六つ（パゴ・フロレンティーノ Pago Florentino、カンポ・デ・ラ・グアルディア Campo dela Guardia など）、ナバーラ州で三つ（パゴ・デ・アリンサーノ Pago de Arinzano、プラド・デ・イラーチェ Prado de Irache、パゴ・デ・オタス Pago de Otazu など）のパゴが中央政府によってＤＯとして承認されている。ビノス・デ・パゴは他の原産地呼称と違って、原産地呼称委員会がない。そのかわり指定された公的機関が監督を行なっている。単一畑だから生産量も少ないし、日本に輸入されるのもそう多くはないだろう。しかし、これからは増加することが予想される。入手出来ることもあるだろうから、スペイン大使館経済商務部が刊行しているパンフレット『スペインのワイン』に掲載されている四つを紹介しておく。

ドミニオ・デ・バルデプーサ　Dominio de Valdepusa

トレド県のマルピカ・デ・トレドにあるグリニョン侯爵（カルロス・ファルコ）所有の広大な所有地内にある約五〇ヘクタールの限定された畑、ドミニオ・デ・バルデプーサで栽培収穫されたブドウだけを使って仕込まれたワイン。DOビノス・デ・パゴでは最も早く、二〇〇三年三月一一日中央政府に認定された。プサ渓谷にある畑にはカベルネ・ソーヴィニヨン、メルロ、シラー、プティ・ヴェルドが栽培されている。フレンチオークの小樽を使用。一二ヶ月から一五ヶ月の樽熟成。カルロス・ファルコ侯爵は、スペインでいち早くドリップ式灌漑設備を導入。栽培にはフランス式のキャノピー・マネージメント（樹冠管理）を始めた革新的人物。

ビノ・デ・パゴ・ギホソ　Vino de Pago Guijoso

カスティーリャ・ラ・マンチャ地方の東南部で、バレンシア、ムルシア、アリカンテ県と隣接する西側内陸部になるアルバセーテ県のエル・ボニーリョにある約五九ヘクタールのギホソの区画畑で栽培・収穫されたブドウだけで醸造したワイン（二〇〇五年四月二五日中央政府認定）。ブドウ品種は白はシャルドネとソーヴィニヨン・ブラン、赤はカベルネ・ソーヴィニヨン、メルロ、シラー、テンプラニーリョを栽培。

フィンカ・エレス　Finca Élez

同じくアルバセーテ県の南部に連なるアルカラス山脈の標高一〇〇〇メートルのところに、映画俳優のマヌエル・マンサネケが所有する農園の一部で、三九ヘクタールの区画畑。ここのブドウだけから造ったワインが中央政府にパゴに認められたのは二〇〇七年三月一六日。白品種はシャルドネ、赤はカベルネ・ソーヴィニヨン、シラー、メルロ、テンプラニーリョを栽培、白赤ともに樽熟成。赤ワインにはバリカ、クリアンサ、レセルバ、グラン・レセルバがある。

デエサ・デル・カリサル　Dehesa del Carrizal

カスティーリャ・ラ・マンチャ地方の南西部になるシウダ・レアル県の北部レトゥエルタ・デル・ブリャーケ村にある二六ヘクタールのパゴ。モンテス・ド・トレドの山裾に広がるカバニェロス国立公園に隣接し、標高九〇〇メートル。パゴとして中央政府に認定されたのは二〇〇七年四月二〇日。使用品種は白はシャルドネ、赤はカベルネ・ソーヴィニヨン、シラー、メルロ、テンプラニーリョ。オーナーのマルシアル・ゴメス・セケイラは実業家だが、ワイン造りに関心を持ち、特にカベルネ・ソーヴィニヨンに注目し一九八四年という早い時期から栽培してきた。

XIV　スペインのオーガニック・ワイン

一九世紀の後半から化学の研究による様々な農薬が開発されるようになった。第二次大戦後になり農業の近代化が先進諸国の重要な課題になると、トラックやトラクターを始めとする農作業の機械化と並んで農業における農薬の使用が広く急速に普及するようになった。なんと言っても生産が上がるからであり、アメリカがその先頭を走った。ワインの分野で見ると、一八〇〇年にフランスのブドウ畑をベト病（露菌病）、フィロキセラ、ウドンコ病（白渋病）が相次いで襲い、その対策が深刻な急務になった。このうちフィロキセラは犯人は微細な昆虫でヨーロッパ中のブドウ畑を壊滅状態にする大被害を与えたが、これは病虫に免疫性を持つアメリカ産ブドウの台株にヨーロッパ系のブドウの枝を接木する方法で、なんとか被害を克服することが出来た。しかしベト病とウドンコ病はカビによるもので、それまで人類があまり経験したことがないものであったため（中世にもこうした病気が発生したところもあり、農民が神頼みで病気からの回復を祈った記録がある）、対策に困惑したが、偶然硫黄剤が病菌退治に有効であることが発見され、さらにボルドー液（石灰硫黄剤）が開発され、これがカビ系の病気の救世主のようになり世界中に広く普及した（日本でも戦前からボルドー液は園芸植物に使われている)。

二〇世紀の後半になって、ブルゴーニュの名ワイン産地コート・ドール地区のブドウ畑をディジョン大学のブルギニョン教授夫妻が研究し、このままだと畑が砂漠同様になるという大警鐘を鳴らした。農薬の使用が畑の微生物をすべて殺してしまい、その自然破壊が続くとワイン産業を崩壊させかねないというものであった。コート・ドールのワイン生産者達はこの警告を真摯に受けとめ、まず広く使われていた除草剤の使用を一切中止し、化学肥料の使用は中止するか必要最小限に留めるようにし、農薬の使用は殺虫剤に留めるようになった(カビ対策のボルドー液は現在も広く使われているが、過度の使用は避けるようにしているし、昆虫を不妊症にする方法などいろいろな研究が続けられている)。

この農法が「有機農法」または「減薬農法」で、今日世界のワイン生産界で広く普及し、有機農法による「オーガニック・ワイン」が重視されるようになって来ている。この有機農法と似ているが全く違っているのが「ビオディナミ」「バイオダイナミック」農法である。ある意味では有機農法を徹底したものと言うことが出来るが、発想が全く異なる。ドイツのシュタイナー博士の哲学を農業に取り入れたもので生命と宇宙の関係を重視し、天体の動きなどを考慮した農作業を行ない、自然の持つエネルギー治癒力で土壌を活性化させ、ブドウの生命力を高めることに重点が置かれている。そのためボルドー液と硫黄以外の一切の農薬や化学肥料を禁止し、その他独特な肥料の使用とか農作業のスケジュールを定めている。フランスのロワール地区のニコラ・ジョリーが教組的存在である。今ではビオディナミを取り入れるワイナリーが多く見られるようになっているが、神秘的で非科学的ともいえる部分があるため、科学界や著名ワイナリーが全面的に受け入れていない。

スペインは凍てつくような寒い冬、極度に乾燥した暑い夏のため、ブドウにつく毛虫類やミルデューやボトリティスなどの菌類が生き残れない関係もあって、化学残留物なしでワインを造って来た長い伝統がある。化学肥料や殺虫剤を系統的に使用するようになったのが、他のヨーロッパ諸国より遅く、こうした化学物質の使用が生産量こそあげるが、ブドウの品質によくないことにすぐ気がついた。そうした意味でスペインのワインは基本的にオーガニック・ワインの国なのである。現在「ビノ・エコロヒコ」または「ビノ・ビオロヒコ」と呼ばれるワインは、スペインではEU法に従い、農業食糧環境省内に設けられたＣＲＡＥが一九八〇年代に定めた生産基準に大半の州が倣い、検査認証は一七の自治体農業局の中の有機農法委員会及び指定された民間の機関が行ない、州ごとに認証シールを発行している（ブドウ栽培だけでなくワインの製造に使う亜硫酸の量も限定している）。

スペイン農業全体で有機栽培を実践する農家数と畑の面積が増えつつあり（総栽培面積は約九二万六〇〇〇ヘクタール）、ブドウの有機栽培も広がり、オーガニック・ワインの生産者数も増えつつある。ビオディナミ（スペイン語ではビオディナミコ）農法を採用する生産者も全体の数はまだ少ないが、増えつつある。

あとがき

シェリーの不思議さに心をひかれて一九六九年にヘレスへ行き、一九八九年にはスペイン政府のご招待で毎日新聞の市倉浩一郎と福田英三、石井もと子、浅井昭吾他二名でスペインの各地を視察した。その頃からスペイン・ワインの虜になったが、それ以後からのスペイン・ワインの大発展・大変貌は驚くばかりで、新情勢になかなか追いつけなかった。

現在スペイン・ワインが日本で愛されるようになり、いろいろなワインが輸入されるようになったのは目を見張るほどである。そうした情勢の中で気がついたのは、既に何冊かのスペイン・ワインの本が市販されているものの、最近の激動情報を取り入れた本がないことであった。そこでスペイン・ワイン普及の仕事をしている大滝恭子さんと、読売新聞の編集局で働いているが大学でスペイン語を学ばれた永峰好美さんに呼びかけてスペイン・ワインの本を書くことになった。

当初の予定では、写真を多く使った入門書をムックのスタイルで出すつもりだったが、いざ書き始めてみるとこれも書かなければ、あれも欠かせないということになり、かなり本格的紹介書の原稿になってしまった。その間の事情を知った早川書房の編集長山口晶さんのご好意で出版できるようになった。

本書で一番難しかったのは生産者の紹介である。現在ワイナリーの数は激増していて、それだけに紹介の必要があると同時に、どこまでを取り上げるのかが紙幅との関係で大問題だった。既刊の本では新情報に欠けているきらいがあり、また各ワイナリーの評価も必ずしも確立しているとは言いきれない。そこでこの点はスペイン・ワイン業界の情報に精通されている有限会社ワイナリー和泉屋の新井治彦さんの助けを借りることになった。

またスペイン・ワインの新情報については「ヴィノテーク」の蛯沢登茂子さんが多年にわたり現地を実地に調査され、正確で英明な情報を掲載されているのは驚くべき活動で、本書を書く上で数多く利用させていただいた（本書の付録にバックナンバーを記したので、利用していただきたい）。

またスペイン大使館には二〇一四年の現地取材旅行で大変お世話になっただけでなく、日本でスペイン・ワイン普及担当の任にあたられている小長谷千恵子さんには原稿のチェックや写真の選択その他多くのことで大変お世話になった。

これらの方々や、バルでの用語集の引用を御承諾下さったダイヤモンド社、三人の原稿を統一して入力して下さった北川真知子さん、本書の出版を快諾下さり丁寧な編集作業に当った早川書房の山口晶編集長に心からお礼申し上げるとともに、本書の出版を喜んでいただきたい。

本書によって、さらに日本でスペイン・ワインを飲む人、正確な知識を持つ人が増えることを祈りたい。

二〇一五年五月

著者代表

山本　博

別表1　新ワイン法による分類

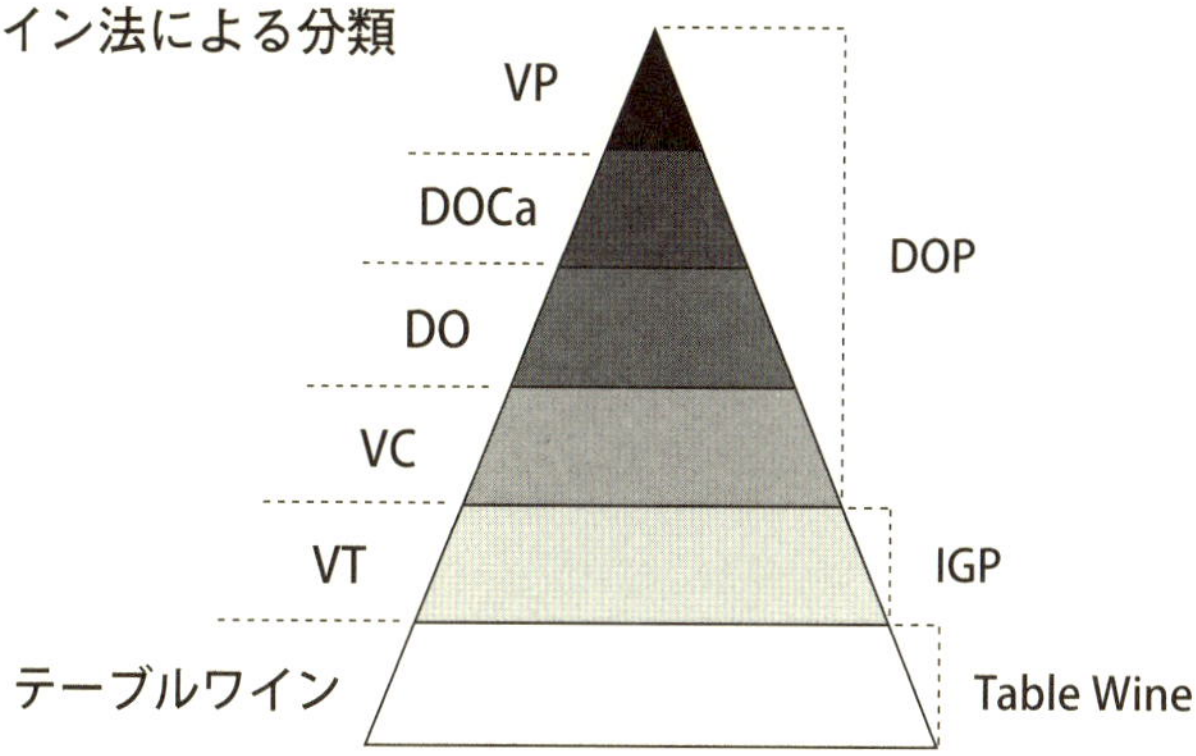

DOP　保護原産地呼称　Denominación de Origen Protegida

■ビノス・デ・パゴ　VP［単一ブドウ畑限定高級ワイン　Vinos de Pago］

地域ではなく、限定された面積のひとつのブドウ畑で栽培、収穫されたブドウのみから造られるワインに認められる原産地呼称。これまで、既存の DO や DOCa の地域外で生産されたワインがビノ・デ・メサの表示しか認められなかったため、2003 年のワイン法改正にあたって、新たに誕生した。DO 域内でも認定可能。

■デノミナシオン・デ・オリヘン・カリフィカーダ　DOCa

［特選原産地呼称ワイン　Denominación de Origen Calificada］

非常に厳しい生産基準を設けている地域で産出されたワインで、最高の品質を誇るもの。2009 年現在、特選原産地呼称ワインに指定されているのはリオハとプリオラートだけである。

■デノミナシオン・デ・オリヘン　DO［原産地呼称ワイン　Denominación de Origen］

統制委員会が設置された地域において、地域内で栽培された認可品種のブドウを原料として、厳しい基準を満たして生産されたワイン。

■ビノ・デ・カリダ・コン・インディカシオン・ヘオグラフィカ　VC

［地域名称付き高級ワイン　Vino de Calidad con Indicación Geográfica］

ある特定の地域、地区、村落などで収穫されたブドウを原料に醸造、熟成されたワインで、その地域性を表現したもの。この分類で 5 年以上実績がある産地は DO への昇格を申請できる。

IGP　保護地理表示　Indicación Geográfica Protegida

■ビノ・デ・ラ・ティエラ　VT［Vino de la Tierra］

VP や DO、VC の認定地域外で産出したブドウを使用した、その産地の特性をもつ地ワイン。フランスのヴァン・ド・ペイにあたる。ビニェードス・デ・エスパーニャ ※ を含む。

※ ビニェードス・デ・エスパーニャ［Viñedos de España］

2006 年に、安価な輸入ワインと区別するために造られた新分類。ガラス瓶だけではなく、バッグ・イン・ボックスに詰めることも可能だが、一部の銘醸地域ではその使用が禁止されている。

Table Wine

□ビノ・デ・メサ［Vino de Mesa］

DO などに認定されていない地域で栽培されたブドウを使用、あるいは醸造所が域外にある、また異なる地域のワインをブレンドしたワイン。地域名、ブドウ品種名、収穫年の表示は許可されていない。

スペイン原産地呼称マップ

別表2

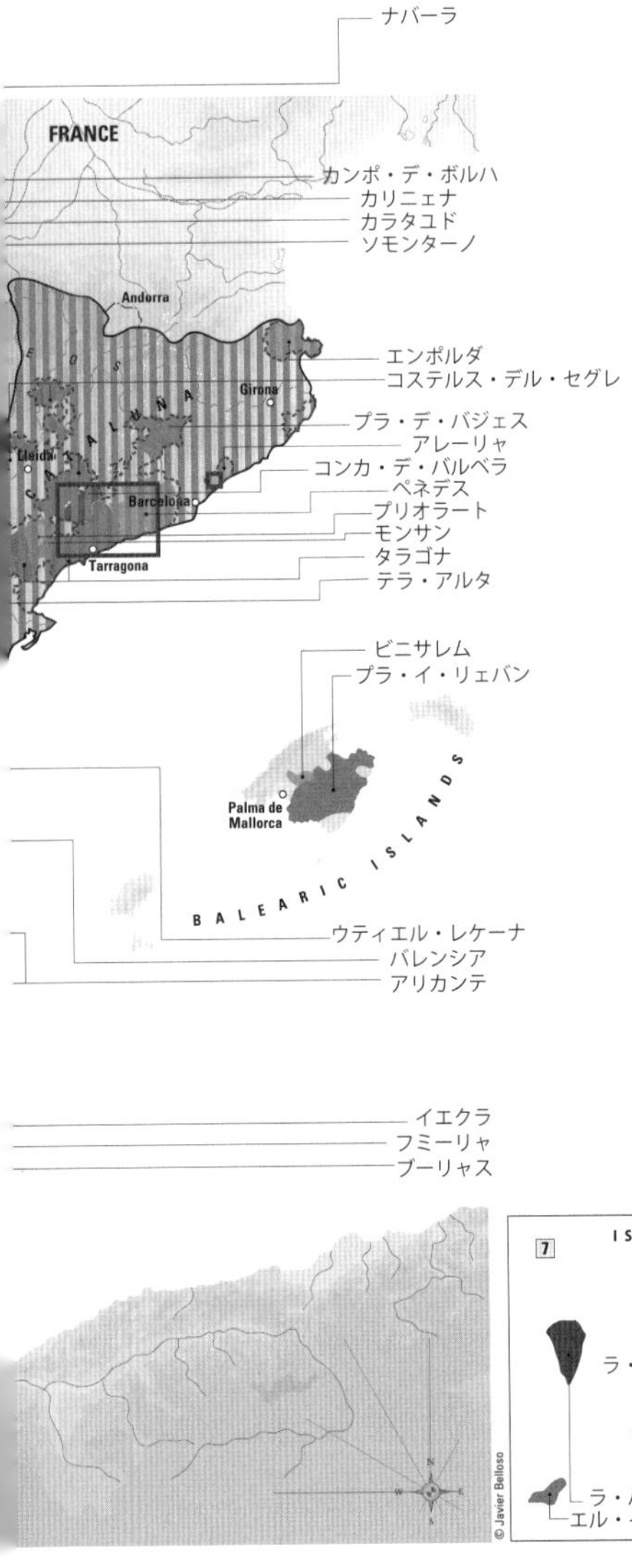

D. O. Cava　カバ

D. O. Catalunya　カタルーニャ

VP
Vinos de Pago　ビノス・デ・パゴ

1 パゴ・デ・オタス
2 プラド・デ・イラーチェ
3 パゴ・デ・アリンサーノ
4 パゴ・デ・アイレス
5 パゴ・カルサディーリャ
6 カンポ・デ・ラ・グアルディア
7 ドメニオ・デ・バルデプーサ
8 デエサ・デル・カリサル
9 パゴ・フロレンティーノ
10 カサ・デル・ブランコ
11 ギホソ
12 フィンカ・エレス
13 エル・テラソ
14 ロス・バラゲセス

VC
Vino de Calidad Indicación Geográfica
地域名称付高級ワイン

1 カンガス
2 バジェス・デ・ベナベンテ
3 バルティエンダス
4 シエラ・サラマンカ
5 グラナダ
6 レブリハ
7 ラス・イスラス・カナリア

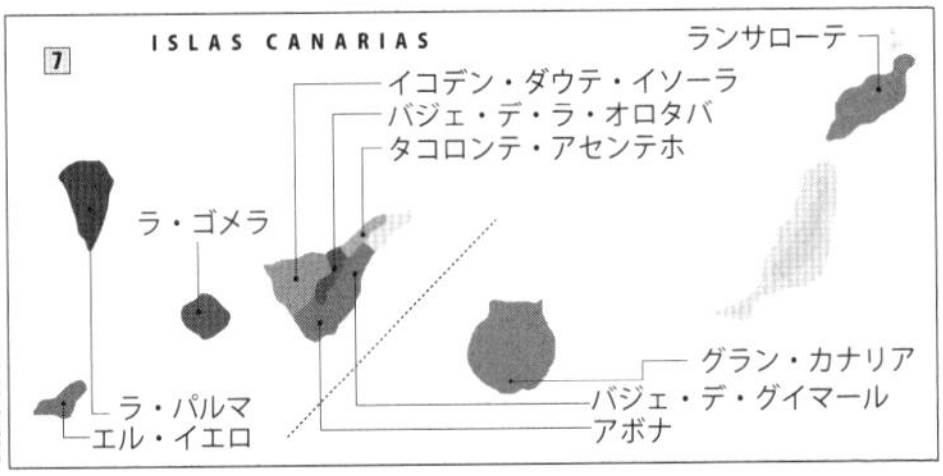

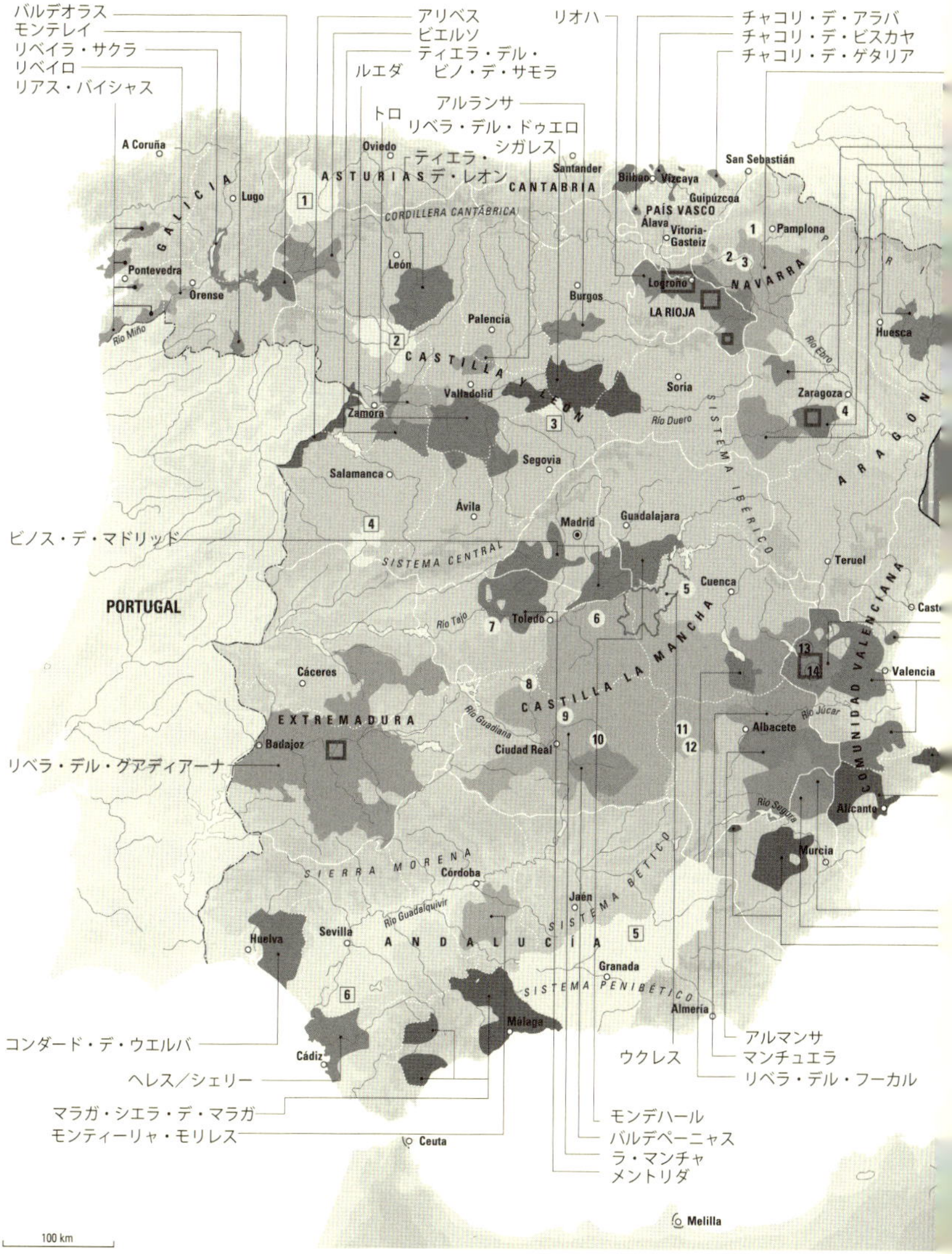
バルデオラス
モンテレイ
リベイラ・サクラ
リベイロ
リアス・バイシャス
アリベス
ビエルソ
ティエラ・デル・ビノ・デ・サモラ
ルエダ
トロ
アルランサ
リベラ・デル・ドゥエロ
シガレス
ティエラ・デ・レオン
リオハ
チャコリ・デ・アラバ
チャコリ・デ・ビスカヤ
チャコリ・デ・ゲタリア
ビノス・デ・マドリッド
リベラ・デル・グアディアーナ
コンダード・デ・ウエルバ
ヘレス／シェリー
マラガ・シエラ・デ・マラガ
モンティーリャ・モリレス
ウクレス
アルマンサ
マンチュエラ
リベラ・デル・フーカル
モンデハール
バルデペーニャス
ラ・マンチャ
メントリダ
A Coruña
Lugo
GALICIA
Pontevedra
Orense
Río Miño
Oviedo
ASTURIAS
CANTABRIA
Santander
CORDILLERA CANTÁBRICA
León
Palencia
Burgos
CASTILLA Y LEÓN
Valladolid
Zamora
Salamanca
Segovia
Ávila
Bilbao
Vizcaya
Guipúzcoa
PAÍS VASCO
Álava
Vitoria-Gasteiz
San Sebastián
Pamplona
NAVARRA
Logroño
LA RIOJA
Soria
Río Duero
Río Ebro
Huesca
Zaragoza
ARAGÓN
SISTEMA IBÉRICO
Madrid
Guadalajara
SISTEMA CENTRAL
Teruel
Cuenca
Toledo
Río Tajo
CASTILLA LA MANCHA
COMUNIDAD VALENCIANA
Valencia
PORTUGAL
Cáceres
EXTREMADURA
Badajoz
Río Guadiana
Ciudad Real
Río Júcar
Albacete
Alicante
Río Segura
Murcia
SIERRA MORENA
Córdoba
Río Guadalquivir
Jaén
SISTEMA BÉTICO
ANDALUCÍA
Huelva
Sevilla
Granada
SISTEMA PENIBÉTICO
Almería
Málaga
Cádiz
Ceuta
Melilla
100 km

スペインの主な地方と河川　別表3

別表4　スペイン17自治州と50県

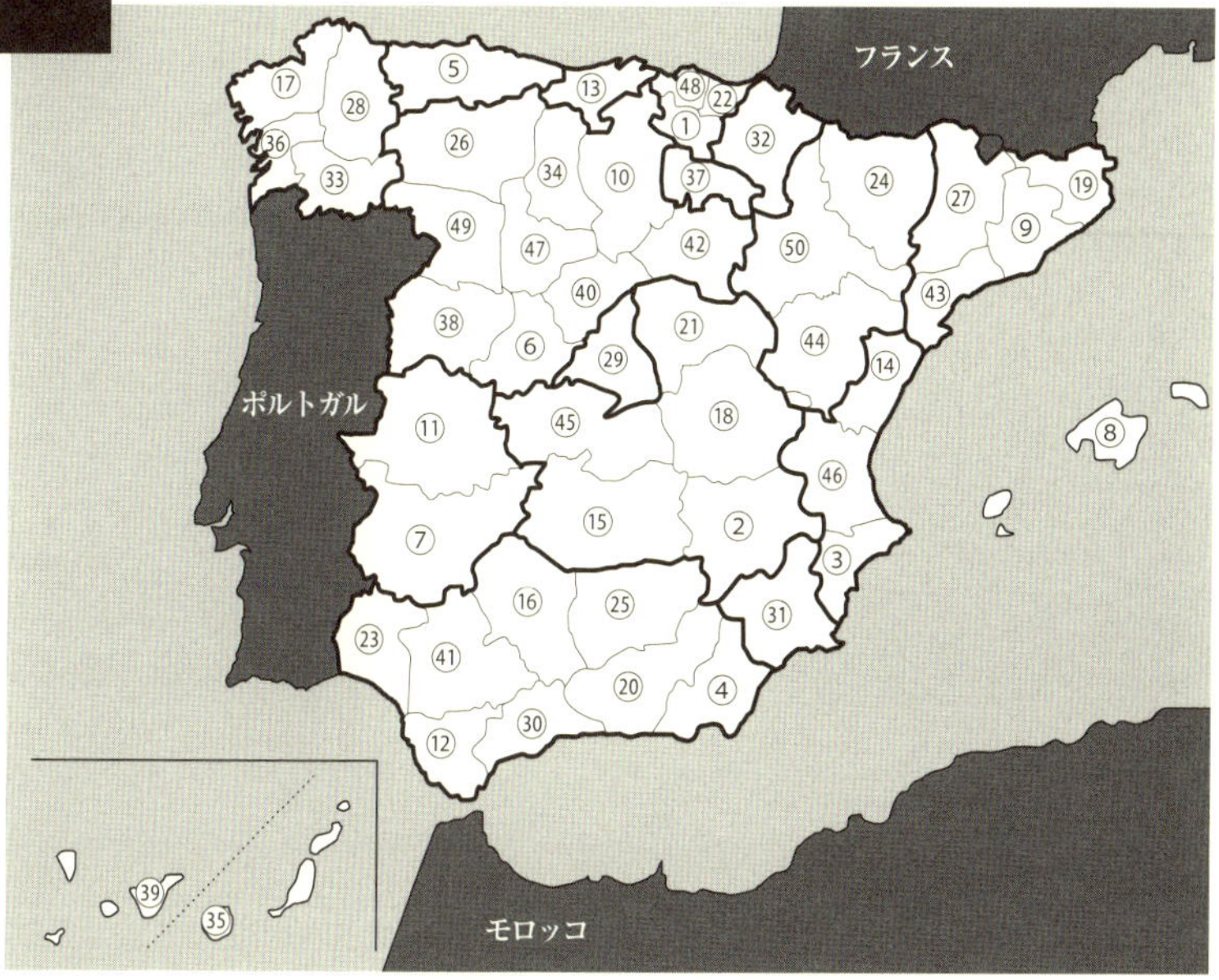

カタルーニャ自治州　⑨バルセロナ　⑲ジローナ　㉗リェイダ　㊸タラゴナ
バスク自治州　①アラバ　㉒ギプスコア　㊽ビスカヤ
ガリシア自治州　⑰ア・コルーニャ　㉘ルーゴ　㉝ウレンセ　㊱ポンテベードラ
アンダルシア自治州　④アルメリア　⑫カディス　⑯コルドバ　⑳グラナダ　㉓ウエルバ　㉕ハエン　㉚マラガ　㊶セビーリャ
アストゥリアス自治州　⑤アストゥリアス
カンタブリア自治州　⑬カンタブリア
ラ・リオハ自治州　㊲ラ・リオハ
ムルシア自治州　㉛ムルシア
バレンシア自治州　③アリカンテ　⑭カステリョン　㊻バレンシア
アラゴン自治州　㉔ウエスカ　㊹テルエル　㊿サラゴサ
カスティーリャ・ラ・マンチャ自治州　②アルバセーテ　⑮シウダー・レアル　⑱クエンカ　㉑グアダラハラ　㊺トレド
カナリア諸島　㉟ラス・パルマス　㊴サンタ・クルス・デ・テネリフェ
ナバーラ自治州　㉜ナバーラ
エストレマドゥーラ自治州　⑦バダホス　⑪カセレス
バレアレス諸島　⑧バレアレス
マドリッド自治州　㉙マドリッド
カスティーリャ・イ・レオン自治州　⑥アビラ　⑩ブルゴス　㉖レオン　㉞パレンシア　㊳サラマンカ　㊵セゴビア　㊷ソリア　㊼バリャドリッド　㊾サモラ

第3部　付　録

1　スペイン・ワインの生産者リスト

数多くのスペイン・ワインの生産について、その評価は誰もが知りたいところである。しかし、それにはどうしても一冊の本が必要になる。またワインに点数をつけたくない。読者の便を考え、その手がかりになるようなマークをつけることにした。

○クラシック
●モダン、新潮流
☆大手生産者
※中規模生産者
★小規模生産者
△データ不明

《DO CAVA カバ》
●　1＋1＝3　ウ・メス・ウ・ファン・トレス
●　Agustí Torelló Mata　アグスティ・トレリョ・マタ
Alta Alella　アルタ・アレーリャ
☆　Bodegas Vicente Gandía　ボデガス・ビセンテ・ガンディア
Bodegues Sumarroca　ボデガス・スマロカ
★　Castell Sant Antoni　カステル・サン・アントニ
※　Castellroig　カステルロッチ
※　Castillo Perelada Vinos y Cavas　カスティーリョ・ペレラーダ・ビノス・イ・カバス
★　Cava Josep M. Ferret Guasch　カバ・ジョセップ・M・フェレット・グァスク
※　Cava Mestres　カバ・メストレス
※　Cavas Gramona　カバス・グラモナ
☆　Codorníu　コドーニュ
★　Eudald Massana　エウダルド・マッサナ
☆　Freixenet　フレシネ
★　Gaston Coty　ガストン・コティ
※　Jaume Serra　ジャウマ・セラ

※　Llopart　リョパール
※　Juvé y Camps　ジュベ・イ・カンプス
※　Masia Vallformosa　マシア・バルフォルモサ
※　Pago de Tharsys　パゴ・デ・タルシス
※　Parés Baltà　パレス・バルタ
☆　Raimat　ライマット
※　Recaredo　レカレド
※　Roger Goulart　ロジャー・グラート

《大西洋地方》

DO Monterrei　モンテレイ

★　Bodegas Gargalo　ボデガス・ガルガロ
●★　Bodegas y Viñedos Quinta da Muradella　ボデガス・イ・ビニェードス・キンタ・ダ・ムラデッラ

DO Rías Baixas　リアス・バイシャス

※　A.Pazos de Lusco　A・パソス・デ・ルスコ
※　Adega Condes de Albarei　アデガ・コンデス・デ・アルバレイ
●　Adega y Viñedos Paco & Lola　アデガ・イ・ビニェードス・パコ・イ・ロラ
●　Bodega Forjas del Salnés　ボデガ・フォルハス・デル・サルネス
★　Bodegas Albamar　ボデガス・アルバマール
○※　Bodegas del Palacio de Fefiñanes　ボデガス・デル・パラシオ・デ・フェフィニャネス
●　Bodegas Gerardo Mendez　ボデガス・ヘラルド・メンデス
※　Bodegas Mar de Frades　ボデガス・マル・デ・フラデス
※　Bodegas Martín Códax　ボデガス・マルティン・コダス
★　Bodegas Terras Gauda　ボデガス・テラス・ガウダ
★　Bodegas y Viñedos Rodrigo Méndez　ボデガス・イ・ビニェードス・ロドリゴ・メンデス
※　Pazo de Señorans　パソ・デ・セニョランス
※　Viña Nora　ビニャ・ノラ
※　Zarate　サラテ

DO Ribeira Sacra　リベイラ・サクラ

●　Adegas Guímaro　アデガス・ギマロ
●　Adegas Moure　アデガス・モウレ
★　Algueira　アルゲイラ
※　Dominio do Bibei　ドミニオ・ド・ビベイ
★　Ponte da Boga　ポンテ・ダ・ボガ
★　Ronsel do Sil　ロンセル・ド・シル

DO Ribeiro リベイロ

● Coto de Gomariz　コト・デ・ゴマリス

★ Emilio Rojo　エミリオ・ロホ

○※　Viña Meín　ビニャ・メイン

★ LAGAR DO MERENS　ラガル・ド・メレンス

DO Valdeorras　バルデオラス

★ Bodegas Godeval　ボデガス・ゴデバル

★ Compañía de Vinos Telmo Rodríguez　コンパニア・デ・ビノス・テルモ・ロドリゲス

★ Rafael Palacios　ラファエル・パラシオス

★ Valdesil　バルデシル

その他の産地

★ Dominio del Urogallo　ドミニオ・デル・ウロガリョ（VdM、カンガス）

★ Envinate　エンビナテ（VdM、ガリシア、カナリア　etc）

《内陸部地方》

DO Bierzo　ビエルソ

●★　Akilia　アキリア

●★　Bodegas Estefanía　ボデガス・エステファニア

※ Bodegas Peique　ボデガス・ペイケ

●※　Bodegas y Viñedos Castro Ventosa　ボデガス・イ・ビニェードス・カストロ・ベントサ

※ Bodegas y Viñedos Mengoba　ボデガス・イ・ビニェードス・メンゴバ

●※　Descendientes De J. Palacios　デスセンディエンテス・デ・ホセ・パラシオス

※ Losada Vinos de Finca　ロサダ・ビノス・デ・フィンカ

※ Viñedos y Bodegas Dominio de Tares　ビニェードス・イ・ボデガス・ドミニオ・デ・タレス

●★　RAÚL PÉREZ　ラウル・ペレス

DO La Mancha　ラ・マンチャ

Dominio de Punctum Organic & Biodynamic Wines　ドミニオ・デ・プンクトン・オーガニック・アンド・バイオダイナミック・ワインズ

☆ Félix Solís　フェリックス・ソリス

※ Finca Antigua　フィンカ・アンティグア

DO Manchuela　マンチュエラ

● Altolandon　アルトランドン

※　Bodega Iniesta　ボデガ・イニエスタ

★　Bodegas y Viñedos Ponce　ボデガス・イ・ビニェードス・ポンセ

※　Finca Sandoval　フィンカ・サンドバル

DO Méntrida メントリダ

※　Bodegas Arrayán　ボデガス・アラヤン

★　Bodegas Canopy　ボデガス・キャノピー

※　Bodegas Jiménez-Landi　ボデガス・ヒメネス・ランディ

★　Daniel Gómes Jiménez-Landi　ダニエル・ゴメス・ヒメネス・ランディ

DO Ribera del Duero　リベラ・デル・ドゥエロ

●　Aalto Bodegas y Viñedos　アアルト・ボデガス・イ・ビニェードス

○※　Alejandro Fernández　アレハンドロ・フェルナンデス

○　Astrales　アストラレス

△　Bodegas Arzuaga Navarro　ボデガス・アルスアガ・ナバーロ

○　Bodegas Emilio Moro　ボデガス・エミリオ・モロ

△　Bodegas La Horra　ボデガス・ラ・オラ

△　Bodegas Hermanos Pérez Pascuas　ボデガス・エルマノス・ペレス・パスクアス

●　Bodegas Hermanos Sastre　ボデガス・エルマノス・サストレ

○※　Bodegas Vega Sicilia　ボデガス・ベガ・シシリア

●　Bodegas y Viñedos Alion　ボデガス・イ・ビニェードス・アリオン

△　Bodegas y Viñedos Valderiz　ボデガス・イ・ビニェードス・バルデリス

●※　Dominio de Atauta　ドミニオ・デ・アタウタ

●※　Dominio de Pingus　ドミニオ・デ・ピングス

※　Pago de Carraovejas　パゴ・デ・カラオベハス

※　Pago de los Capellanes　パゴ・デ・ロス・カペリャネス

○※　Protos Bodegas Ribera Duero de Peñafiel　プロトス・ボデガス・リベラ・ドゥエロ・デ・ペニャフィエル

●★　Viñedos Alonso del Yerro　ビニェードス・アロンソ・デル・イエロ

DO Rueda　ルエダ

△　Agrícola Castellana – Bodega Cuatro Rayas　アグリコラ・カステリャーナ - ボデガ・クアトロ・ラヤス

●　Belondrade　ベロンドラーデ

☆　Bodegas de los Herederos del Marqués de Riscal　ボデガス・デ・ロス・エレデロス・デル・マルケス・デ・リスカル

△　Bodegas José Pariente　ボデガス・ホセ・パリエンテ

★　Bodegas Naia　ボデガス・ナイア

※　Menade　メナデ

DO Toro　トロ

● Bodega Numanthia　ボデガ・ヌマンシア
△ Bodegas Fariña　ボデガス・ファリーニャ
●※ Bodegas San Román　ボデガス・サン・ロマン
●※ Bodegas y Viñedos Pintia　ボデガス・イ・ビニェードス・ピンティア
●※ Compañía de Vinos Telmo Rodríguez　コンパニア・デ・ビノス・テルモ・ロドリゲス
★ Dominio del Bendito　ドミニオ・デル・ベンディート
※ Elías Mora　エリアス・モラ
●※ Matsu　マツ
※ Quinta de la Quietud　キンタ・デ・ラ・キエトゥ
※ Teso la Monja　テソ・ラ・モンハ

DO Vinos de Madrid　ビノス・デ・マドリッド

● Bernabeleva　ベルナベレバ
● Bodega Marañones　ボデガ・マラニョネス
● Comando G Viticultores　コマンド・ヘ・ビティクルトールス
△ Viñas el Regajal　ビニャス・エル・レガハル
● 4 Monos　クアトロ・モノス

その他の産地

●★ Barco del Corneta　バルコ・デル・コルネタ（VdT Castilla　カスティーリャ）
※ Bodegas Almanseñas　ボデガス・アルマンセニャス（DO Almansa　アルマンサ）
●★ Olivier Rivière Vinos　オリヴィエ・リヴィエル・ビノス（DO Arlanza　アルランサ）
※ Bodegas César Príncipe　ボデガス・セサル・プリンシペ（DO Cigales シガレス）
★ Viñas del Cenit　ビニャス・デル・セニット（DO Tierra del Vino de Zamora　ティエラ・デル・ビノ・デ・サモーラ）
※ Bodegas Fernando Castoro　ボデガス・フェルナンド・カストロ（DO Valdepeñas バルデペーニャス）
☆ Félix Solís　フェリックス・ソリス（DO Valdepeñas　バルデペーニャス）
※ Pagos de Familia Marqués de Griñón　パゴス・デ・ファミリア・マルケス・デ・グリニョン（Vinos de Pago Dominio de Valdepusa　ビノス・デ・パゴ・ドミニオ・デ・バルデプーサ）
★ Abadía Retuerta　アバディア・レトゥエルタ（VdT　Castilla　カスティーリャ）
●★ Alfredo Maestro Tejero　アルフレード・マエストロ・テヘロ（VdT Castilla　カスティーリャ）
●★ Alvar de Dios Hernández　アルバール・デ・ディオス・エルナンデス（VdT Castilla　カスティーリャ）
※ Bodegas Mauro　ボデガス・マウロ（VdT Castilla カスティーリャ）

※ Ossian Vides y Vinos オシアン・ビデス・イ・ビノス（VdT Castilla カスティーリャ）
※ Quinta Sardonia キンタ・サルドニア（VdT Castilla カスティーリャ）

《北部地方》

DO Calatayud カラタユド

●※ Bodegas Ateca ボデガス・アテカ
※ Bodegas Langa ボデガス・ランガ
※ Bodegas San Alejandro ボデガス・サン・アレハンドロ
★ El Escocés Volante エル・エスコセス・ボランテ

DO Campo de Borja カンポ・デ・ボルハ

●★ Bodegas Alto Moncayo ボデガス・アルト・モンカヨ
○※ Bodegas Aragonesas ボデガス・アラゴネサス
☆ Bodegas Borsao ボデガス・ボルサオ
● Pagos del Moncayo パゴス・デル・モンカヨ

DO Cariñena カリニェナ

● Grandes Vinos y Viñedos グランデス・ビノス・イ・ビニェードス
△ Solar de Urbezo ソラール・デ・ウルベソ

DO Navarra ナバーラ

☆ Azul y Garanza Bodegas アスール・イ・ガランサ・ボデガス
☆ Bodega Inurrieta ボデガ・イヌリエタ
☆ Bodega Otazu ボデガ・オタス
●※ Bodega Tandem ボデガ・タンデム
※ Bodegas Gran Feudo ボデガス・グラン・フェウド
※ Bodegas Ochoa ボデガス・オチョア
●★ Domaines Lupier ドメーヌ・ルピエール
★ Emilio Valerio - Laderas de Montejurra エミリオ・バレリオ—ラデラス・デ・モンテフラ
○※ J. Chivite Family Estates J. チビテ・ファミリー・エステーツ
△ Nekeas ネケアス
△ Proyecto Zorzal プロジェクト・ソルサル

DOCa Rioja リオハ

●※ Bodega Contador ボデガ・コンタドール
○※ Bodegas Bilbaínas ボデガス・ビルバイナス
※ Bodegas Izadi ボデガス・イサディ
● Finca La Emperatriz フィンカ・ラ・エンペラトリス
○※ Bodegas Luis Cañas ボデガス・ルイス・カニャス

○※　Bodegas Marqués de Cáceres　ボデガス・マルケス・デ・カセレス
○※　Bodegas Muga　ボデガス・ムガ
○　Bodegas Ostatu　ボデガス・オスタトゥ
○※　Bodegas Riojanas　ボデガス・リオハナス
△　Bodegas Ramírez de Ganuza　ボデガス・ラミレス・デ・ガヌサ
●※　Bodegas Roda　ボデガス・ロダ
●※　Bodegas y Vinedos Artadi　ボデガス・イ・ビニェードス・アルタディ
●※　Bodegas y Vinedos Pujanza　ボデガス・イ・ビニェードス・プハンサ
※　Bodegas Ysios　ボデガス・イシオス
●※　Compañía de Vinos Telmo Rodríguez　コンパニア・デ・ビノス・テルモ・ロドリゲス
○※　CVNE　クネ
○※　La Rioja Alta　ラ・リオハ・アルタ
○　Marqués de Murrieta　マルケス・デ・ムリエタ
●★　Olivier Rivière Vinos　オリヴィエ・リヴィエル・ビノス
○※　R. López de Heredia Viña Tondonia　R.ロペス・デ・エレディア・ビニャ・トンドニア
○　Remelluri　レメルリ
△　Viñedos Sierra Cantabria　ビニェードス・シエラ・カンタブリア
●★　Tentenublo Wines　テンテヌブロ・ワインズ
○　Viñedos del Contino　ビニェードス・デル・コンティノ
○※　Bodega Marqués de Riscal　ボデガ・マルケス・デ・リスカル
★　PEDRO BALDA　ペドロ・バルダ

DO Somontano　ソモンターノ

●　Bodega Pirineos　ボデガ・ピリネオス
●　Bodegas Laus　ボデガス・ラウス
●　Bodegas y Viñedos Olvena　ボデガス・イ・ビニェードス・オルベナ
●　Enate　エナーテ
●　Viñas del Vero　ビニャス・デル・ベロ

その他の産地

★　Bodegas Itsasmendi　ボデガス・イツァスメンディ（DO Chacoli de Bizkaia　チャコリ・デ・ビスカヤ）
★　Ameztoi　アメストイ（DO Chacoli de Getaria チャコリ・デ・ゲタリア）
★　Txomin Etxaniz　チョミン・エチャニス（DO Chacoli de Getaria　チャコリ・デ・ゲタリア）
★　Propiedad de Arínzano　プロピエダ・デ・アリンサーノ（Vinos de Pago Señorio de Arínzano　ビノス・デ・パゴ・セニョリオ・デ・アリンサーノ）

《地中海地方》

DO Alicante　アリカンテ

※　Bodegas Bernabé-Navarro　ボデガス・ベルナベ・ナバロ
☆　Bodegas Bocopa　ボデガス・ボコパ
△　Bodegas Mendoza　ボデガス・メンドーサ
△　Bodegas Gutiérrez de la Vega　ボデガス・グティエレス・デ・ラ・ベガ
●※　Bodegas Sierra Salinas　ボデガス・シエラ・サリナス
※　Bodegas Vicente Gandía　ボデガス・ビセンテ・ガンディア
●※　Bodegas Volver　ボデガス・ボルベール
●※　Bodegas y Viñedos El Sequé　ボデガス・イ・ビニェードス・エル・セケ
●★　Viñedos Culturales　ビニェードス・クルトゥラレス

DO Cataluña　カタルーニャ

△ Albet i Noya　アルベット・イ・ノヤ
☆　Bodegas Torres　ボデガス・トーレス
※　Ca n'Estruc　カ・ネストゥルック
※　Clos d'Agon　クロス・ダゴン
※　Vins del Massis　ビンス・デル・マシス

DO Conca de Barbera　コンカ・デ・バルベラ

※　Cara Nord　カラ・ノルド
△　Celler Escoda-Sanahuja　セリェール・エスコダ・サナウハ
※　Clos Montblanc　クロ・モンブラン

DO Costers del Segre コステルス・デル・セグレ

●　Castell d'Encus　カステル・デンクス
●　Castell del Remei　カステル・デル・レメイ
★　Cérvoles Celler　セルボレス・セリェール
※　Clos Pons　クロス・ポンス
☆　Raimat　ライマット
※　Tomàs Cusiné　トーマス・クシネ

DO Empordà　エンポルダ

※　Castillo Perelada Vinos y Cavas　カスティーリョ・ペレラーダ・ビノス・イ・カバス
●　Espelt Viticultors　エスペルト・ビティクルトールス
△　Vinyes dels Aspres　ビニェス・デルス・アスプレス

DO Jumilla　フミーリャ

●　Bodegas El Nido　ボデガス・エル・ニド

● Bodegas Juan Gil　ボデガス・フアン・ヒル
● Bodegas Luzón　ボデガス・ルソン
● Bodegas y Viñedos Casa de la Ermita　ボデガス・イ・ビニェードス・カサ・デ・ラ・エルミタ
● Propiedad Vitícola Casa Castillo　プロピエダ・ビティコラ・カサ・カスティーリョ

DO Montsant モンサン

●★ Acústic Celler　アクスティック・セリェール
●※ Alfredo Arribas アルフレード・アリーバス
※ Celler de Capçanes　セリェール・デ・カプサネス
※ Celler el Masroig　セリェール・エル・マスロッチ
※ Coca i Fitó　コカ・イ・フィト
※ Cooperativa Falset Marçà　コーペラティバ・ファルセット・マルサ
★ Espectacle Vins　エスペクタクレ・ビンス
※ Franck Massard　フランク・マッサール
●★ Orto Vins　オルト・ビンス
●※ Venus la Universal　ベヌス・ラ・ウニベルサル

DO Penedès ペネデス

Albet i Noya　アルベット・イ・ノヤ
★ Alemany i Corrió　アレマイン・イ・コリオ
☆ Bodegas Torres　ボデガス・トーレス
※ Bodegas Sumarroca　ボデガス・スマロッカ
※ Can Ràfols dels Caus　カン・ラフォルス・デルス・カウス
※ Castellroig – Finca Sabaté i Coca　カステルロッチ――フィンカ・サバテ・イ・コカ
★ Celler Credo　セリェール・クレド
※ Cellers Avgvstvs Forvm　セリェールス・アウグストゥス・フォルム
★ Clos Lentiscus　クロス・レンティスクス
※ Colet　コレット
※ Finca Viladellops　フィンカ・ビラデリョプス
※ Gramona　グラモナ
☆ Jean Leon　ジャン・レオン
※ Juvé y Camps　ジュベ・イ・カンプス
★ Loxarel　ロシャレル
★ Mas Candí　マス・カンディ
※ Masia Vallformosa　マシア・バルフォルモサ
★ Pardas　パルダス
※ Parés Baltà　パレス・バルタ
※ Pinord　ピノール

DOCa Priorat　プリオラート

● Álvaro Palacios　アルバロ・パラシオス
★ Celler Mas Doix　セリェール・マス・ドイシュ
※ Celler Vall-Llach　セリェール・バイ・リャック
○☆ Cellers de Scala Dei　セリェールス・デ・スカラ・デイ
※ Clos del Portal　クロス・デル・ポルタル
★ Familia Nin-Ortiz　ファミリア・ニン・オルティス
●★ Ferrer Bobet　フェレール・ボベ
●★ Terroir al Límit　テロワール・アル・リミット
★ Mas Martinet Viticultors　マス・マルティネ・ビティクルトールス
★ Viticultors Mas d'en Gil　ビティクルトールス・マス・ダン・ジル

DO Tarragona　タラゴナ

△ De Muller　デ・ムリェル
△ Vinyes del Terrer　ビニェス・デル・テレール

DO Terra Alta　テラ・アルタ

△ Celler Bàrbara Forés　セリェール・バルバラ・フォレス
※ Celler Batea　セリェール・バテア
※ Celler Piñol　セリェール・ピニョル
△ Edetària　エデタリア

DO Valencia　バレンシア

● Bodega el Angosto　ボデガ・エル・アンゴスト
△ Bodegas Enguera　ボデガス・エンゲラ
△ Bodegas Murviedro　ボデガス・ムルビエドロ
● Celler del Roure　セリェール・デル・ロウレ
● Rafael Cambra　ラファエル・カンブラ

DO Utiel-Requena　ウティエル・レケーナ

★ Bodegas Hispano Suizas　ボデガス・イスパノ・スイサス
● Bodega Sierra Norte　ボデガ・シエラ・ノルテ

その他の産地

△ Alta Alella　アルタ・アレーリャ（DO Alella アレーリャ）
★ Molino y Lagares de Bullas　モリーノ・イ・ラガーレス・デ・ブーリャス（DO Bullas ブーリャス）
※ Abadal　アバダル（DO Pla de Bages　プラ・デ・バジェス）
※ Heretat Oller del Mas　エレタット・オジェル・デル・マス（DO Pla de Bages　プラ・デ・バジェス）

※　Bodegas Castaño　ボデガス・カスターニョ（DO Yecla イエクラ）
※　Chozas Carrascal　チョーサス・カラスカル（Vinos de Pago Chozas Carrascal ビノス・デ・パゴ・チョーサス・カラスカル）
※　Mustiguillo Viñedos y Bodega　ムスティギージョ・ビニェードス・イ・ボデガ（Vinos de Pago Finca El Terrerazo　ビノス・デ・パゴ・フィンカ・エル・テレラソ）
Raventós i Blanc　ラベントス・イ・ブラン（Vinos de Espumosos ビノス・デ・エスプモソス）

《南部地方》

DO Jerez-Xérès-Sherry y Manzanilla-Sanlúcar de Barrameda　ヘレス・ケレス・シェリー・イ・マンサニーリャ・サンルーカル・デ・バラメーダ
○　Álvaro Domecq　アルバロ・ドメック
★　Bodega El Maestro Sierra　ボデガ・エル・マエストロ・シエラ
※　Bodegas Barbadillo　ボデガス・バルバディーリョ
※　Bodegas Hidalgo – La Gitana　ボデガス・イダルゴ――ラ・ヒターナ
※　Bodegas José Estevez　ボデガス・ホセ・エステベス
※　Bodegas Osborne　ボデガス・オズボーン
★　Bodegas Tradición　ボデガス・トラディシオン
★　Equipo Navazos　エキポ・ナバソス
※　Garvey　ガルベイ
※　González Byass　ゴンザレス・ビアス
※　Herederos de Argüeso　エレデロス・デ・アルグエソ
※　Lustau　ルスタウ
※　Sandeman Jerez　サンデマン・ヘレス
※　Valdespino　バルデスピノ
※　Williams & Humbert　ウィリアム・アンド・ハンバート

DO Montilla-Moriles　モンティーリャ・モリレス
※　Alvear　アルベアル
※　Pérez Barquero　ペレス・バルケロ

その他の産地
●★　Bodegas F. Schatz　ボデガス・F・シャッツ（DO Málaga y Sierras de Málaga マラガ・イ・シエラス・デ・マラガ）
●※　Compañía de Vinos Telmo Rodríguez　コンパニア・デ・ビノス・テルモ・ロドリゲス（DO Málaga y Sierras de Málaga　マラガ・イ・シエラス・デ・マラガ）
Jorge Ordóñez & Co　ホルヘ・オルドニェス・アンド・Ｃｏ

《バレアレス諸島とカナリア諸島》

DO Lanzarote　ランサローテ

★　El Grifo　エル・グリフォ

★　Bodegas Los Bermejos　ボデガス・ロス・ベルメホス

DO Pla i Llevant　プラ・イ・リェバン

Vins Miquel Gelabert　ビンス・ミケル・ジェラベール

その他の産地

★　Cap de Barbaria　カップ・デ・バルバリア（VdT Formentera　フォルメンテーラ）

※　4 Kilos Vinícola　クアトロ・キロス・ビニコラ（VdT Mallorca　マヨルカ）

2　スペイン・ワインの本

スペインワイン産業の地域資源論
竹中克行・齊藤由香著／ナカニシヤ出版／2010年
ときめきスペイン・ワイン
ミゲル・トーレス著／山岡直子・内藤尚子訳／TBSブリタニカ／1992年
スペイン・ワインの愉しみ
鈴木孝壽著／新評論／2004年
シェリー…高貴なワイン
マヌエル・M・ゴンザレス・ゴードン著／大塚謙一監訳／鎌倉書房／1992年
シェリー酒――知られざるスペイン・ワイン
中瀬航也著／PHPエル新書／2003年
シェリー、ポート、マデイラの本
明比淑子著／小学館／2003年
スペイン　リオハ＆北西部
ヘスス・バルキン／ルイス・グティエレス／ビクトール・デ・ラ・セルナ著／大狩洋監修／大田直子訳／ガイアブックス／2012年
スペイン史
ピエール・ヴィラール著／藤田一成訳／白水社文庫クセジュ／2005年（8刷）
物語　スペインの歴史――海洋帝国の黄金時代
岩根圀和著／中公新書／2007年（6版）
概説スペイン史
立石博高・若松隆編／有斐閣選書／2000年（10版）
現代スペイン読本
川成洋・坂東省次編／丸善出版／2010年（2版）
現代スペインの経済社会
楠貞義著／勁草書房／2011年
スペインの光と影
馬杉宗夫著／日本経済新聞社／1992年
現代スペイン・情報ハンドブック
坂東省次・戸門一衛・碇順治編／三修社／2007年（改訂版）
現代スペインの歴史
碇順治著／彩流社／2005年
スペイン学を学ぶ人のために
牛島信明・川成洋・坂東省次編／世界思想社／1999年
スペイン現代史――模索と挑戦の120年
楠貞義・ラモン・タマメス・戸門一衛・深澤安博著／大修館書店／1999年

現代のスペイン
「現代のスペイン」編集委員会編／角川書店／1992年
スペインの社会
壽里順平・原輝史編／早稲田大学出版部／1998年
スペイン（世界の食文化 14）
立石博高著／農文協／2007年
地中海歴史散歩 1 スペイン
地中海学会編／河出書房新社／1997年
スペインの経済
戸門一衛・原輝史編／早稲田大学出版部／1998年
スペインハンドブック
原誠・小林利郎・エンリケ＝コントレーラス・牛島信明・黒田清彦編／三省堂／1982年
読んで旅する世界の歴史と文化　スペイン
増田義郎監修／新潮社／1992年
いすぱにあ万華鏡
逢坂剛・川成洋・佐伯泰英著／パセオ／1991年
ナショナルジオグラフィック海外旅行ガイド　スペイン編
F．ダンロップ著／日経ナショナルジオグラフィック社／2003年
地球の歩き方　スペイン 2014－2015
地球の歩き方編集室編／ダイヤモンド社／2014年
スペインの実験――社会労働党政権の 12 年
戸門一衛著／朝日選書／1994年
スペイン王権史
川成洋・坂東省次・桑原真夫著／中公選書／2013年
スペインの素顔
中西省三著／河出書房新社／1992年
カタルーニャの歴史と文化
M・ジンマーマン・M＝C・ジンマーマン著／田澤耕訳／白水社文庫クセジュ／2006年
アンダルシアを知るための 53 章
立石博高・塩見千加子編著／明石書店／2012年

The New Wines of Spain
Tony Lord/Christopher Helm/1988年
The NEW & CLASSICAL WINES of SPAIN
Jeremy Watson/Montagud Editores/2002年
PEÑÍN GUIDE TO SPANISH WINE 2013
PI&ERRE／2013年

3　日本のワイン誌にみるスペイン・ワインの新情報

既出版の単行本は情報が古い。最近のスペイン・ワインの新動向を知るためには下記のワイン誌の記事が重要である。

ヴィノテーク

NO.334（2007/9）「スペインがおいしい」
テンプラニーリョのエレガンス―リオハ回帰。わき役が主役になる日（プリオラートとリオハ）隠れた逸材。黄金の谷バルデオラス。引き上げられたボバル（バレンシア）。バスクブームとチャコリ。カタルーニャの雄、トーレスのダイナミックな展開。カバの多彩さ。

NO.344（2008/9）「スペインカバの人気まだまだ上昇中」――ジュヴェ・イ・カンプス。アリメンタリアで発見のカバ。

NO.358（2009/9）「スペインワインの新潮流」
今熱いスペインのワイン。新潮流の代表ラウル・ペレス。トレンドは若手醸造家のガルナッチャ。新潮流の源、固有品種の再生。ムルシア州のワインとモナストレル。スペインワインのサクセス・ストーリー。

NO.370（2010/9）「もっと躍進するスペインワイン」
ガルナッチャは熱くなるか。第1回国際グルナッシュ・シンポジウム。スペインのガルナッチャが熱い。神秘の地リベイロのワイン話題急上昇。スペインの代表ワイン、リアス・バイシャス。バレンシア州のワイン産地最新。

NO.382（2011/9）「巡礼路とスペインワイン」
ナバーラの巡礼者。リオハ。カスティーリャ・イ・レオン州。ガリシャ。リオハにみる注目の造り手の新ワイナリー。プリオラート国際展示会。アリカンテ、真の潜在力。

NO.393（2012/8）「スペインワイン特集」
動くペネデス。チャレッロを旗頭に。スペインの固有品種を知ろう。リオハの伝統と革新を表すボデガス・ビルバイナス。

NO.407（2013/10）「スペインワイン特集」
スペインワインの頂点　リオハとプリオラート。さらに動くプリオラート。リオハの本質。ボデガス・ビルバイナス、一世紀前から自社畑の哲学。

NO.417（2014/8）ガルナッチャ帝国の雄　オミデガス・ボルサオ（DOボルハ）
コドーニュの進化は続く。

NO.418（2014/9）「ザ・スペインワイン」
発展、そしてトレンドは（スペインワイン最新概況）。コルテルス・デル・セグレの雄トーマス・クネ。リオハの真の伝統と革新・クネ。スペイン・ワインが多彩な理由。ト

ーレスが展開するスペイン代表産地プレミアムワイン。スペイン北西部バルデシルとエレガントな赤ロサーダ。リオハのボデガ・コンタドールとカタルーニャのビンス・デル・マシス。それぞれの自然的発想、カバのレカレド。

ワイン王国

NO.18（2003/Spring）「革新のスペインワイン」

スペインワインはお値打ちワイン（マイケル・ブロードベント）。世界の最高峰へ（カルロス・デルガード・ゴンサレス）。19 原産地解説。シェリー、ドゥルセ、ブランコ、ティント。シェリー讃歌。Cava a la Salud!


NO.74（2013/May）「スペイン大航海」

進化を続けるスペインワイン（100 本のテイスティングノート）。全 69 産地を飲み尽くす。スペイン全 69DO 解説（リストつき）。だから美味しいスペイン！

NO.81（2014/July）「ディスカバー CAVA」
スペイン 3 大白ワイン現地取材。現地で見たカバのトレンドとは。果実味豊かなバレンシアのカバ。「海のワイン」リアス・バイシャスを知る。スペインの伝統リオハのワイン。

NO.86（2015/May）「激動のスペイン頂上 50 本！」

激変！スペインワイン。スペインの頂上に君臨する究極の 50 本。その醍醐味を語り未来を予想する。

ワイナート

NO.55（2010/3 月）「今飲むべきスペインワイン 40 選」

リアス・バイシャス、リベラ・デル・ドゥエロ、リオハ、グランデス・パゴス・デ・カスティーリャより 40 アイテム。


NO.61（2011/3 月）「陽気で情熱的なスペインワインの魅力」

ボデガス・フェリックス・ソリス、ボデガス・イ・ビニェードス・ポンセ。ボデガス・カスターニョ。

4　ワイン用語　GLOSSARY

Abocado［アボカド］ セミ・スイート・テーブルワイン
Amontillado［アモンティリャード］ フィノの上質・熟成タイプ
Amoroso［アモロソ］ 軽いデザート・シェリー
añejo［アニェホ］ 古い、熟成した
Año［アニョ］ 年
Blanco［ブランコ］ 白
Bodega［ボデガ］ ワイン醸造所
Brut［ブルット］ カバの辛口、糖分含有量が1 ℓ 当り 15 グラム以下
Cava［カバ］ シャンパンと同じように瓶内発酵された発泡ワイン
Cepa［セパ］ 文意はワイン。ブドウの切り株や、根もと、幹にも使われる。
Comarca［コマルカ］ サブ・ディストリクト
Con Crianza［コン・クリアンサ］ 規定に従ってオーク樽で熟成したワイン、黒ラベルに使われる。
Cosecha［コセチャ］ ブドウの収穫年
criado por［クリアード・ポル］ ～によって熟成・瓶詰めされた。
D.O.（Denominación de Origen の略） 原産地名呼称ワイン〈フランスのＡＯと同意義〉
D.O.Ca.（Denominación de Origen Calificada の略） スペイン最高峰のワイン産地
D.O.P.（Denominación de Origen Protegida の略） 保護原産地呼称
D.O. Pago（Denominación de Origen Pago）［DO パゴ］ 特に優れたワインを産する単一畑もの
dulce［ドゥルセ］ 甘口の
Embotellado［エンボテリャード］ 瓶詰め元
Espumoso［エスプモソ］ 発泡性、スパークリングワイン
Fino［フィノ］ シェリーのタイプ、フロールという酵母膜の働きで特有の味わい。辛口・軽質・アルコール度 15.5 度
Generoso［ヘネロソ］ ヘレス、モンティーリャ・モリレスなどの地域で、地元固有種を使い伝統的手法で造られるワインの総称。フィノ、アモンティリャード、オロロソ、マンサニーリャなど。
Garantía de Origen［ガランティア・デ・オリヘン］ 原産地呼称保証。保証のシールがつく。これにクリアンサやレセルバなどの熟成タイプを表示。これのないのは樽熟成をしない若飲みワイン。
Gran reserva［グラン・レセルバ］ 選びぬかれたワイン。最低 18 ～ 24 ヶ月オーク樽熟成。36 ～ 42 ヶ月樽熟成。
Granvas［グランバス］ 密封ステンレスタンクで発酵された（シャルマー式という）スパークリング・ワイン。スペインのカバではほとんど造られていない。

I.G.P.（Indicación Geográfica Protegida の略） ＥＵの新呼称で、今までの Vino de la Tierra（VdT）ビノ・デ・ラ・ティエラに取って代りつつある。

Joven［ホーベン］ 収穫年の１年後に出荷できるワイン、樽熟成はごく短期か無しでもいい。

Manzanilla［マンサニーリャ］ シェリーの中でもサンルーカル・デ・バラメーダ地区で生産されたもの。新鮮・軽質。フィノ・タイプ。

Oloroso［オロロソ］ シェリーのひとつのタイプ。黄金色とナッツの香り、フルボディでアルコール度 18 ～ 20 度。辛口と甘口とがある。

Palo Cortado［パロ・コルタド］ シェリーとモンティーリャ・モリレスの稀品。香りはアモンティリャード、味はオロロソ。

Pasada［パサダ］, Pasado［パサド］ シェリーのフィノかアモンティリャードの古くて優れたもの。

Raya［ラヤ］ 熟成中（又は発酵中）のシェリーの用語。オロロソに似たタイプにも使う。

Reserva［レセルバ］ 最小限１年の樽熟、樽熟と瓶熟を含めて３年以上熟成させた赤ワインの品。

Rosado［ロサード］ ロゼ

Sanguría［サングリア］ 赤ワインに果汁、砂糖、レモンを加えて造った甘い飲料。

Seco［セコ］ 辛口、カバの場合は糖分が１ ℓ 当り 17 ～ 35 グラム含まれるもの。

Semi-Seco［セミ・セコ］ 英語のセミ・ドライ、カバの場合糖分含有量が１ ℓ 当り 35 ～ 50 グラム。

Solera［ソレラ］ シェリー特有の熟成方法、樽を積み重ね、上から出荷し、上へ新酒を補充。

Tinto［ティント］ 赤ワイン

V.C.（vino de Calidad con Indicacion Geogáfica の略） 地域名称付き高級ワイン

Vendimia［ベンディミア］ ブドウの収穫。Vendimia tardía は遅摘み。

Viña Vieja［ビーニャ・ビエハ］ 古いブドウ園または老齢の木のブドウを選んで使ったワイン。

Vino［ビノ］ ワイン

Vino Ecológico［ビノ・エコロヒコ］ 有機栽培のブドウを使って醸造したワイン

Vino de España［ビノ・デ・エスパーニャ］ かつてのビノ・デ・メサに代る呼称

V.P.（Vino de Pago の略） ＤＯパゴの別称

5　知っていればバルで困らない言葉

Abadejo［アバデホ］………すけそうだら、たら
Aceite［アセイテ］…………油、オイル
Aceituna［アセイトゥーナ］…………オリーブの実
ácido［アシド］, ácida［アシダ］…………すっぱい
Aguacate［アグアカテ］…………アボカド
Agua［アグア］…………水
Agua de Soda［アグア・デ・ソーダ］…………ソーダ水
Agua Mineral［アグア・ミネラル］…………ミネラル・ウォーター
Aguardiente［アグワルディエンテ］…………蒸留酒、焼酎、グラッパ
Ahumado［アウマド］…………燻製
Ají［アヒ］…………とうがらし、チリソース
Ajo［アホ］…………にんにく
a la parrilla［ア・ラ・パリーリャ］…………網焼きの
al horno［アル・オルノ］…………オーブン焼きの
al ajillo［アル・アヒーリョ］…………にんにく入りチリソース
a la plancha［ア・ラ・プランチャ］…………鉄板焼きの
a la Romana［ア・ラ・ロマーナ］…………フライの
al asador［アル・アサドール］…………串焼きの
Albahaca［アルバアカ］…………バジル
Albaricoque［アルバリコケ］…………あんず
Albóndiga［アルボンディガ］…………肉だんご
al fuego de leña［アル・フエゴ・デ・レーニャ］…………炭火焼きの
Alioli［アリオリ］…………にんにくソース
Almejas［アルメッハス］…………あさり
Alubia［アルビア］…………いんげん豆
al vapor［アル・バポール］…………蒸した
amargo［アマルゴ］, amarga［アマルガ］…………苦い
Ánade［アナデ］…………まがも
Anchoa［アンチョア］, Anchova［アンチョバ］…………アンチョビ
Anguila［アンギーラ］…………うなぎ
Angulas［アングーラス］…………うなぎの稚魚
Aperitivo［アペリティーボ］…………食前酒
Apio［アピオ］…………セロリ
Arenque［アレンケ］…………にしん
Arroz［アロス］…………米

asado ［アサード］, asada ［アサーダ］…………焼いた、焼肉、バーベキュー
Atun ［アトゥン］…………まぐろ
Aves ［アベス］…………鳥類
Azúcar ［アスカル］…………砂糖
Bacalao ［バカラオ］…………たら、 bacalao seco 干しダラ
Batata ［バタータ］…………さつまいも
Bebidas ［ベビーダス］…………飲みもの
Becada ［ベカーダ］…………やましぎ
Berenjena ［ベレンヘーナ］…………なす
Besugo ［ベスーゴ］…………たい
Bogavante ［ボガバンテ］…………海ざりがに、ロブスター
Bonito ［ボニート］…………かつお
Brotes de Soja ［ブローテス・デ・ソッハ］…………もやし
Caballa ［カバーリャ］…………さば
Cabeza ［カベッサ］…………頭
Cabrito ［カブリート］…………仔山羊
Café solo ［カフェ・ソロ］…………ブラック・コーヒー
Café con leche ［カフェ・コン・レーチェ］…………カフェオレ
Café exprés ［カフェ・エスプレス］…………エスプレッソ
Calabacín ［カラバシン］…………ズッキーニ
Calabaza ［カラバサ］…………かぼちゃ
Calamar ［カラマル］…………いか
Caldereta ［カルデレータ］…………肉のシチュー、魚の煮込み
Caldo ［カルド］…………コンソメ、ブイヨン
caliente ［カリエンテ］…………温かい、熱い
Camarón ［カマロン］…………小海老
Cangrejo ［カングレッホ］…………かに
Caña ［カーニャ］…………コップに入れた生ビール
Carne ［カルネ］…………肉
Carpa ［カルパ］…………こい
Castaña ［カスターニャ］…………栗
Cebolla ［セボーリャ］…………玉ねぎ
Cerdo ［セルド］…………豚肉
Cereza ［セレッサ］…………さくらんぼ
Cerveza ［セルベッサ］…………ビール
Ciervo ［シエルボ］…………シカ
Cocido ［コシード］…………煮た、豆や肉などの煮込み料理
Cochinillo ［コチニーリョ］…………仔豚
Col ［コル］…………キャベツ
Cola ［コラ］…………しっぽ

Conejo［コネッホ］…………うさぎ
Congrio［コングリオ］…………あなご
Consomé［コンソメ］…………コンソメ
Cordero［コルデーロ］…………仔羊肉、羊肉はCarnero
Crema［クレーマ］…………クリーム
crudo［クルード］, cruda［クルーダ］…………生の、調理していない
Chile［チレ］…………チリ, トウガラシ
Chipirón［チピロン］…………小いか、Chipirones en su tinta　いかの墨煮
Chorizo［チョリソ］…………豚肉の腸詰め
dulce［ドゥルセ］…………甘い、菓子
Embutido［エンブティード］…………腸詰め、ソーセージ
Ensalada［エンサラーダ］…………サラダ
Entremeses［エントレメセス］…………オードブル、前菜
Erizo de Mar［エリソ・デ・マル］…………ウニ
Escalope［エスカローペ］…………パン粉をうすくまぶした仔牛のカツ
Espaguetis［エスパゲティス］…………スパゲッティ
Espárrago［エスパラゴ］…………アスパラガス
Espinaca［エスピナーカ］…………ホウレンソウ
Estofado［エストファード］…………シチュー、煮込み
Faisán［ファイサン］…………きじ
Fiambres［フィアンブレス］…………冷たい料理、冷肉、冷たいはfrío
Filete［フィレテ］…………ステーキ、フィレ肉
Fresa［フレサ］…………いちご
Galleta［ガリェータ］…………クッキー、ビスケット
Gallina［ガリーナ］…………チキン
Gamba［ガンバ］…………小形の海老、芝エビ
Gaseosa［ガセオサ］…………炭酸水、ソーダ
Gazpacho［ガスパッチョ］…………冷たい野菜スープ
Granada［グラナダ］…………ざくろ
Guisante［ギサンテ］…………えんどう豆
Haba［アバ］…………そら豆
Harina［アリーナ］…………小麦粉、粉
helado［エラード］…………凍らせた、アイスクリーム
hervido［エルビード］, hervida［エルビーダ］…………茹でた
Hielo［イエロ］…………氷
Hígado［イガド］…………レバー
Higo［イーゴ］…………いちじく
Hongo［オンゴ］…………きのこ
Huevo［ウエボ］…………卵、卵料理、fritoがつくと目玉焼き、hervidoがつくと茹で卵
Jalea［ハレア］…………ゼリー

Jamón［ハモン］…………生ハム
Judía［フディア］…………いんげん豆
Jugo［フーゴ］…………ジュース、肉汁
Jurel［フレル］…………あじ
Langosta［ランゴスタ］…………いせえび、 Langostino は車えび
Leche［レーチェ］…………牛乳
Lechuga［レチューガ］…………レタス
Legumbre［レグンブレ］…………豆
Lengua［レングア］…………舌、タン
Lenguado［レングアード］…………舌びらめ
Lenteja［レンテッハ］…………レンズ豆
Lomo［ロモ］…………ロース肉
Longaniza［ロンガニサ］…………ソーセージ、腸詰め
Lubina［ルビーナ］…………すずき
Lucio［ルシオ］…………カマス
Maiz［マイス］…………トウモロコシ
Mantequilla［マンテキーリャ］…………バター
Manzana［マンサーナ］…………リンゴ
medio asado［メディオ・アサード］…………ミディアムに焼いた
Mejillón［メヒリョン］…………ムール貝
Melocotón［メロコトン］…………桃
Melón［メロン］…………メロン
Menta［メンタ］…………ミント
Menú［メヌー］…………定食、おきまりのコース（アラカルトでない）
Mermelada［メルメラーダ］…………ジャム
Mero［メロ］…………オヒョウ（銀ムツ）
mezclado［メスクラード］, mezclada［メスクラーダ］…………混ぜた
Miel［ミェル］…………蜂蜜
mixto［ミスト］, mixta［ミスタ］…………混ぜた
Morcilla［モルシーリャ］…………豚の血が入った黒いソーセージ、ブーダン・ノワール
Morcillo［モルシーリョ］…………豚や牛のすね肉
Mostaza［モスタサ］…………マスタード、練り辛子
muy hecho［ムイ・エーチョ］…………ウェルダンに焼いた
Nabo［ナボ］…………かぶ
Naranja［ナランハ］…………オレンジ
Nata［ナタ］…………生クリーム
Nuez［ヌエス］…………クルミ
Oliva［オリーバ］…………オリーブ
Olla［オリャ］…………深鍋、煮込み料理
Oreja［オレッハ］…………耳、oreja marina は海の耳であわび（鮑）

Ostra［オストラ］…………かき
Oveja［オベッハ］…………羊
Paella［パエーリャ］…………野菜、肉、魚などの炊きこみごはん
Paloma［パローマ］…………はと
Pan［パン］…………パン、pan tostado はトースト
Pasa［パサ］…………干しブドウ
Pastel［パステル］…………ケーキ
Pata［パタ］…………足、すね
Patata［パータタ］…………じゃがいも、ポテト
Pato［パト］…………あひる
Pavo［パボ］…………七面鳥
Pepino［ペピーノ］…………きゅうり
Pera［ペラ］…………洋梨
Pescado［ペスカード］…………魚類
picante［ピカンテ］…………辛い
Pimienta［ピミエンタ］…………胡椒、こしょう。Pimiento はピーマン、唐辛子
Piña［ピーニャ］…………パイナップル
Plátano［プラタノ］…………バナナ
Pollo［ポーリョ］…………鶏肉、若鳥。Pollito はひな鳥
Pomelo［ポメロ］…………グレープフルーツ
Postre［ポストレ］…………デザート
Potaje［ポターへ］…………ポタージュ
Puero［プエロ］…………ポロねぎ
Pulpo［プルポ］…………たこ。pulpito は小さいイイダコ
Queso［ケソ］…………チーズ
Rabo［ラボ］…………しっぽ
Ración［ラシオン］…………食べ物の一人前、一人分
Ragú［ラグー］…………ジャガイモ、肉、にんじんを入れたシチュー
Rana［ラナ］…………かえる
Rape［ラペ］…………あんこう
Refresco［レフレスコ］…………冷たい飲み物、ソフトドリンク
Riñón［リニョーン］…………腎臓
Rodaballo［ロダバーリョ］…………かれい
Ron［ロン］…………ラム酒
Rosbif［ロスビフ］…………ローストビーフ
Sal［サル］…………塩
Salchicha［サルチチャ］…………ソーセージ
Salmón［サルモン］…………サーモン
Salsa de Soja［サルサ・デ・ソハ］…………しょうゆ
salteado［サルテアード］…………炒めた、ソテーした

Sandía［サンディーア］…………すいか
Sardina［サルディーナ］…………いわし
seco［セコ］, seca［セカ］…………辛口の、乾いた、干した
Sepia［セピア］…………コウイカ
Sesos［セソス］…………脳みそ
Seta［セタ］…………きのこ
Soja/Soya［ソハ/ソヤ］…………大豆
Solomillo［ソロミーリョ］…………ヒレ肉、サーロイン
Sopa［ソパ］…………スープ
Sorbete［ソルベーテ］…………シャーベット
Tarta［タルタ］…………ケーキ、パイ、 tortaとも言う
Té［テ］…………お茶
Tinta［ティンタ］…………イカのすみ
Tomato［トマーテ］…………トマト
Tónica［トニカ］…………炭酸甘味飲料、トニック・ウォーター
Trigo［トゥリーゴ］…………小麦
Trucha［トゥルーチャ］…………ます
Uva［ウバ］…………ブドウ
Verduras［ベルドゥーラス］…………野菜
Vieira［ビエイラ］…………ホタテ貝
Vino de Mesa［ビノ・デ・メサ］…………テーブルワイン
Zanahoria［サナオリア］…………にんじん
Zumo［スーモ］…………ジュース

（株式会社ダイヤモンド社『地球の歩き方・スペイン 2013 – 14年版』「メニューの手引き」を許可を得て参考にさせていただきました。）

6　スペイン・ワインが飲める店（東京都心・近郊）

銀座

バル　デ　エスパーニャ　ペロ　BAR de ESPAÑA Pero
　中央区銀座 6-3-12　TEL 03-5537-6091
バル・デ・オジャリア銀座店　Bar de Ollaria
　中央区銀座 7-2　先（コリドー街）１Ｆ　TEL 03-5568-8228
エル・チャテオ銀座店　El Chateo
　中央区銀座 3-2-12　銀座全研ビル１Ｆ・２Ｆ　TEL 03-3535-7033
しぇりークラブ　Sherry Club
　中央区銀座 6-3-17　悠玄ビル２Ｆ・３Ｆ　TEL 03-3572-2527
バニュルス銀座店　Vinuls
　中央区銀座 2-5-17　TEL 03-3567-4128
スペインクラブ銀座　Restaurante Spain Club
　中央区銀座 7-10-5　デュープレックス銀座タワー 7/10　１Ｆ・２Ｆ　TEL 03-6228-5338
セニョール マサ　Señor Masa
　中央区銀座 5-1-7　数寄屋橋ビル Ｂ１Ｆ　TEL 03-3571-2555
銀座エスペロ本店　ESPERO
　中央区銀座 5-6-10　すずのやビル Ｂ１Ｆ　TEL 03-3573-5071
銀座エスペロ３丁目店　ESPERO
　中央区銀座 3-4-4　大倉別館２Ｆ　TEL 03-5250-2571
びいどろ銀座店
　中央区銀座 5-8 ギンザプラザ 58 ビル Ｂ１Ｆ　TEL 03-3573-3865
　※ 他に渋谷店、吉祥寺店など有り
スリオラ　ZURRIOLA
　中央区銀座 6-8-7　交詢ビル４Ｆ　TEL 03-3289-5331

月島

月島スペインクラブ　Tsukishima Spain Club
　中央区月島 1-14-7　旭倉庫１Ｆ　TEL 03-3533-5381

丸の内

バル　デ　エスパーニャ　ムイ東京店　BAR de ESPAÑA Muy
　千代田区丸の内 2-7-3　東京ビルディング TOKIA ２Ｆ・３Ｆ　TEL 03-5224-6161

八重洲

セナドール・エスパニョール・ラ・ベジョータ　Cenador Español La Bellota
　中央区八重洲 2-5-7　三興ビル１F　TEL 03-5299-4361

六本木

ボデガ サンタ リタ　Bodega Santa Rita
　港区赤坂 9-7-4 東京ミッドタウン ガレリア　ガーデンテラス１F　TEL 03-5413-3101

麻布十番

山田チカラ Yamada Chikara
　港区南麻布 1-15-2　１F　TEL 03-5942-5817
バルレストランテ ミヤカワ BARU-RESTAURANTE Miyakawa
　港区麻布十番 1-5-4 藤田ビル １F　TEL 03-3403-2626

渋谷

スペインバル＆レストラン　マドリード　Madrid
　渋谷区道玄坂 1-11-3　フォースワンビル１F・２F　TEL 03-5459-5507
カタランスパニッシュ〝ビキニタパ〟　Catalan Spanish "Bikini TAPA"
　渋谷区道玄坂 1-12-5　渋谷マークシティ４F　TEL 03-5784-5500
エルカステリャーノ　El Castellano
　渋谷区渋谷 2-9-12　丸三青山ビル２F　TEL03-3407-7197
アミーゴ　デ　サンイシドロ　Amigo de San Isidro
　渋谷区代々木 4-5-1 参宮橋ショッピングビル 105　TEL 03-3379-3146
ラス ボカス　Las Bocas
　渋谷区渋谷 3-2-3　帝都青山ビル Ｂ１F　TEL 03-3406-0609
ラ・ボデガ渋谷ヒカリエ店　LA BODEGA
　渋谷区渋谷 2-21-1　渋谷ヒカリエ７F　TEL 03-6434-1480

四谷

スペイン料理　ラ・タペリア　La Taperia
　新宿区四谷 3-3　ストリーム四谷 Ｂ１F　TEL03-3353-8003
ママス＆パパス　MAMAS & PAPAS
　新宿区四谷 1-21　斉健ビル Ｂ１F　TEL03-3226-4730

神楽坂

エル　カミーノ　El Camino
　新宿区神楽坂 3-1　京花ビル２F　TEL03-3266-0088

ラ・クッチャーラ　La cuchara
新宿区神楽坂 4-3　近江屋ビル２F　TEL03-5228-5058
エルプルポ　El Pulpo
新宿区神楽坂 4-3　宮崎ビル１F　TEL03-3269-6088

市ヶ谷

メソン・セルバンテス　MESON CERVANTES
千代田区六番町 2-9　セルバンテスビル７F　TEL03-5210-2990

田原町

アメッツ　Amets
台東区西浅草 1-1-12　藤田ビル１F　TEL 03-3841-3022

西麻布

フェルミンチョ　FERMINTXO
港区西麻布 1-8-13　TEL 03-6804-5850

代官山

サル　イ　アモール　Sal y Amor
渋谷区代官山町 12-19　第３横芝ビル B１F　TEL 03-5428-6488

恵比寿

フォンダ・サン・ジョルディ　Fonda Sant Jordi
渋谷区恵比寿 1-12-5　萩原ビル３　２F　TEL 03-5420-0747
ボデガス ガパ　Bodegas Guapa
渋谷区恵比寿西 1-4-1 VANDA ビル B１F　TEL 03-5459-5524
ガポス　Guapos
渋谷区恵比寿西 1-3-8 廣田ビル 101　TEL 03-5728-4741
バル恵比寿　Baru
渋谷区恵比寿 1-21-13　コンフォリア恵比寿１F　TEL 03-6408-6630
バル　デ　オジャリア恵比寿店　Bar de Ollaria
渋谷区恵比寿 1-22-23　ヴェラハイツ恵比寿 108　TEL 03-5420-0936
バルデビス　BardEbis
渋谷区恵比寿 1-22-14　石井ビル B１F　TEL 03-6450-2774

目黒

バルサ目黒　Barca Meguro
品川区上大崎 2-13-28 ソフィア白金 1 F・2 F　TEL 03-6277-0041

白金

白金バル　Shirogane Baru
渋谷区恵比寿 3-49-1 TEL 03-5423-3236

日本橋

レストラン サンパウ Restaurant Sant Pau
中央区日本橋 1-6-1 コレド日本橋 ANNEX　TEL 03-3517-5700
タパス モラキュラーバー　Tapas Molecular Bar
中央区日本橋室町 2-1-1　マンダリンオリエンタル東京　38F　TEL 03-3270-8188
ビキニ ピカール　Bikini PICAR
中央区日本橋室町 2-2-1　コレド室町 2 F　TEL　03-6202-3600

河田町

小笠原伯爵邸
新宿区河田町 10-10　TEL　03-3359-5830

三田

スペインバル カサ・デ・マチャ　Spain Bar Casa de Macha
港区三田 3-1-19　第 12 シグマビル 1 F・B 1 F　TEL 03-5442-3446

赤坂

モダン・カタラン・スパニッシュ　ビキニ　MODERN Catalan SPANISH Bikini
港区赤坂 5-3-1　赤坂 Biz タワー 1 F　TEL　03-5114-8500
リザラン　Lizarran
港区赤坂 3-2-6 赤坂光映ビル　1 F・B 1 F　TEL 03-5572-7303

二子玉川

マヨルカ　Mallorca
世田谷区玉川 1-14-1　二子玉川ライズ S. C.　テラスマーケット 2 F TEL 03-6432-7220

2015 年 5 月現在

7　年　表

○スペインと世界及びスペイン・ワインの歴史

	スペインの動き	世界の動き	スペイン・ワインの歴史
BC11世紀頃	フェニキア人が植民都市カディス建設		地中海沿岸地域等でワイン造り始まる
BC218	第2次ポエニ戦争（～BC201）。ローマ軍、イベリア半島征服開始		
BC27		ローマ帝国成立	
BC19	ローマ軍、半島支配完成		ローマ帝国支配下で、ワイン造り本格化
415	西ゴート王国建国		
476		西ローマ帝国滅亡	
481		フランク王国建国	
560	トレドが西ゴート王国の首都に		
661		ダマスカスにウマイヤ朝成立	
711	イスラム勢力が半島侵攻、西ゴート王国崩壊		
716	イスラム・ウマイヤ朝支配始まる（半島の大部分を制圧）		ワイン不毛時代始まる
1035	カスティーリャとアラゴンが王国として独立		
1037	カスティーリャ王フェルナンド1世がレオン王位継承（カスティーリャとレオンの最初の統合）	セルジュク・トルコ成立	
1085	カスティーリャがトレド征服		キリスト教徒再植民でブドウ畑が回復
1096		第1回十字軍（～1099）	
1137	アラゴンとカタルーニャの共同統治（アラゴン連合王国成立）		

	スペインの動き	世界の動き	スペイン・ワインの歴史
1271		マルコ・ポーロが東方旅行へ	
1299		オスマン帝国成立	
1469	カスティーリャ王女イサベルとアラゴン王子フェルナンド結婚		
1479	フェルナンド2世、アラゴン王に即位（スペインの国家統一実現）		
1492	グラナダ王国（ナスル朝）陥落によりレコンキスタ完了	コロンブス新大陸到達。大航海時代の幕開け	修道院によるワイン造り盛んに。南東部沿岸都市、ワイン貿易で繁栄
1516	カルロス1世即位（ハプスブルク朝スペインの開始）		
1571	レパントの海戦でスペイン・ヴェネツィア海軍がトルコ海軍撃破		
1588	無敵艦隊、英海軍に敗れる		
1700	フェリペ5世（ルイ14世の孫）即位でブルボン朝スペイン開始		
1701	スペイン王位継承戦争（～14）		
1804		ナポレオン、フランス皇帝即位	
1805	トラファルガー海戦で英海軍が仏西連合艦隊を撃破		
1808	仏軍スペイン侵入。スペイン独立戦争（～14）		
1868		明治維新	フランスでフィロキセラによる被害、ワイン生産者がスペインに流入
1872			ホセ・ラベントス、「カバ」を初リリース
1873	第一次共和制（～74）		フィロキセラ禍、マラガに上陸
1888	バルセロナ万国博覧会		ワイン生産が急増
1898	米西戦争に敗北	キューバ独立。フィリピン、プエルトリコ、グアム米国領に	

	スペインの動き	世界の動き	スペイン・ワインの歴史
1926			原産地名保護のため、リオハで統制委員会設立
1929	バルセロナ万国博覧会	世界恐慌始まる	「ベガ・シシリア」が万博で金賞
1931	第二次共和制成立（～39）	満州事変勃発	
1932			ワイン法制定（DO制度導入）
1935			フランスで、AOC制度誕生。DOシェリー&マンサニーリャ認定
1936	スペイン内戦始まる（～39）		内戦で、ワイン産業は低迷
1937	ゲルニカ爆撃	日中戦争始まる	DOマラガ認定
1939	内戦終結宣言。フランコ政権（～75）。第二次大戦では中立を宣言	第二次世界大戦勃発	
1945		第二次世界大戦終結	DOモンティーリャ・モリレス認定
1947	国家首長継承法によりスペインは「王国」と規定		DOリオハ、DOタラゴナ認定
1954			DOプリオラート認定
1955	国連に加盟		
1956			DOアレーリャ認定
1957			DOアリカンテ、DOウティエル・レケーナ、DOバレンシア、DOバルデオラス、DOリベイロ認定
1960			DOカリニェラ、DOペネデス認定
1964			DOコンダド・デ・ウエルバ認定
1966			DOフミーリャ、DOラ・マンチャ、DOメントリダ、DOアルマンサ認定
1967		EC発足	DOナバーラ認定
1968		スペイン領ギニアの独立	DOバルデペーニャス認定
1970			「ブドウ園、ワイン及びアルコール飲料に関する法」施行。原産地呼称庁設立

	スペインの動き	世界の動き	スペイン・ワインの歴史
1975	フランコ死去、独裁終了。王政復古でフアン・カルロス1世即位	スペイン領サハラで「緑の行進」。ヴェトナム戦争終結	DO エンポルダ、DO イェクラ認定
1977	41年ぶりに総選挙実施。カタルーニャ臨時自治憲章公布		
1978	現行憲法制定		
1980			DO カンポ・デ・ボルハ、DO ルエダ（白）認定
1982	ＮＡＴＯに正式加盟		DO リベラ・デル・ドゥエロ認定
1983	マドリード等4地方の自治承認		
1985			DO ソモンターノ、DO テラ・アルタ認定
1986	ＥＣに正式加盟		国際市場で競争力つける。DO カバ認定
1987			DO トロ認定
1988			DO コステルス・デル・セグレ、DO リアス・バイシャス認定
1989		冷戦終結	プリオラートの5人組に注目。DO コンカ・デ・バルベラ、DO ビエルソ認定
1990			DO カラタユド、DO チャコリ・デ・ゲタリア、DO ビノス・デ・マドリッド認定
1991			リオハ、DOCa 第一号に認定、DO シガレス、DO ビニサレム・マヨルカ認定
1992	バルセロナ五輪、セビーリャ万国博覧会、新大陸到達500年記念事業		DO タロコンテ・アセンテホ認定
1994			DO チャコリ・デ・ビスカヤ、DO ブーリャス、DO ランサローテ、DO ラ・パルマ、DO イコデン・ダウテ・イソーラ認定
1995			DO バーリェ・デ・ラ・オロタバ、DO エル・イエロ認定

	スペインの動き	世界の動き	スペイン・ワインの歴史
1996			DO モンテレイ、DO アボナ、DO バジェ・デ・グイマール認定
1997			DO プラ・デ・バジェス、DO モンデーハル認定、DO リベイラ・サクラ認定
1999	ユーロに第一陣国として参加		DO リベラ・デル・グアディアーナ認定
2001			DO カタルーニャ、DO シエラス・デ・マラガ、DO プラ・イ・リェバン認定
2002			DO チャコリ・デ・アラバ、DO モンサン認定
2003			ワイン法を大幅改正。VPの導入。DO リベラ・デル・フーカル認定
2004			DO マンチュエラ認定
2006			DO ウクレス認定
2008	サラゴサ万国博覧会		DO ルエダ（赤・ロゼ）、DO アルランサ、DO ティエラ・デル・ビノ・デ・サモラ、DO ティエラ・デ・レオン、DO アリベス認定
2009			EU 法に合わせてワイン法改正。プリオラート、DOCa に昇格。プリオラートで「ビノ・デ・ヴィラ」表示法認定。DO グラン・カナリア、DO ラ・ゴメラ認定
2012	スペイン金融危機		
2013	日本スペイン交流 400 周年事業（～ 14）		

8　原産地呼称保護ワイン産地ごとの栽培面積および農家数（2012/2013）

原産地呼称保護ワイン生産地〔DOPs〕	ブドウ栽培面積〔ha〕	栽培農家数
Abona	962	1,223
Alella	不明	不明
Alicante	9,522	1,819
Almansa	7,200	760
Arlanza	427	278
Arribes	426	368
Aylés	46	1
Bierzo	3,017	2,494
Binissalem	605	127
Bullas	1,036	496
Calatayud	3,200	925
Calzadilla	13	1
Campo de Borja	6,614	1,520
Campo de la Guardia	81	1
Cangas	30	51
Cariñena	14,513	1,540
Casa del Blanco	92	1
Cataluña	47,066	8,588
Cava	32,913	6,256
Chacolí de Álava	100	40
Chacolí de Bizkaia	373	238
Chacolí de Getaria	402	96
Cigales	2,080	451
Conca de Barberá	3,599	857
Condado de Huelva	2,417	1,512
Costers del Segre	4,357	583
Dehesa del Carrizal	26	1
Dominio de Valdepusa	49	2
El Hierro	196	247
El Terrerazo	61	1

原産地呼称保護ワイン生産地〔DOPs〕	ブドウ栽培面積〔ha〕	栽培農家数
Empordà	1,776	322
Finca Élez	39	1
Gran Canaria	240	349
Granada	338	67
Guijoso	59	1
Islas Canarias	317	243
Jerez-Xérès-Sherry	7,005	1,751
Jumilla	22,279	1,993
La Gomera	125	240
La Mancha	160,221	16,099
La Palma	625	1,153
Lanzarote	1,848	1,739
Lebrija	17	1
Los Balagueses	18	1
Málaga	1,146	427
Manchuela	5,473	774
Manzanilla S,B,	7,005	1,751
Méntrida	5,766	1,200
Mondéjar	405	300
Monterrei	435	369
Montilla Moriles	5,240	2,171
Montsant	1,860	720
Navarra	11,370	2,482
Pago de Arínzano	128	1
Pago de Otazu	103	1
Pago Florentino	58	1
Penedés	19,243	2,759
Pla de Bages	450	85
Pla i Llevant	335	81
Prado de Irache	17	1
Priorat	1,897	606
Rias Baixas	4,064	6,677
Ribeira Sacra	1,263	2,964
Ribeiro	2,842	6,054
Ribera del Duero	21,719	8,412

原産地呼称保護ワイン生産地〔DOPs〕	ブドウ栽培面積〔ha〕	栽培農家数
Ribera del Guadiana	34,577	3,193
Ribera del Júcar	9,091	910
Rioja	63,131	16,842
Rueda	12,943	1,550
Sierra de Salamanca	65	72
Sierras de Málaga	1,146	427
Somontano	4,314	448
Tacoronte-Acentejo	1,128	1,887
Tarragona	4,984	2,138
Terra Alta	5,969	1,503
Tierra de León	1,357	353
Tierra del Vino de Zamora	697	203
Toro	5,594	1,338
Uclés	1,700	660
Utiel-Requena	34,434	5,617
Valdeorras	1,144	1,458
Valdepeñas	22,003	2,746
Valencia	13,077	10,650
Valle de Güímar	275	558
Valle de la Orotava	356	613
Valles de Benavente	302	103
Valtiendas	85	10
Vinos de Madrid	8,391	2,891
Ycoden-Daute-Isora	220	545
Yecla	5,824	493
TOTAL	**580,288**	**134,716**

出典：DATOS DE LAS DENOMINACIONES DE ORIGEN PROTEGIDAS DE VINOS (DOPs)　CAMPAÑA 2012/2013　スペイン農林食料環境省

217　原産地呼称保護ワイン産地ごとの栽培面積および農家数

9　原産地呼称保護ワイン産地ごとの生産量（2012/2013）

原産地呼称保護ワイン生産地〔DOPs〕	生産量〔kl〕
Abona	517
Alella	不明
Alicante	12,221
Almansa	4,253
Arlanza	138
Arribes	426
Aylés	75
Bierzo	5,503
Binissalem	1,704
Bullas	1,780
Calatayud	4184
Calzadilla	38
Campo de Borja	12,098
Campo de la Guardia	201
Cangas	41
Cariñena	51,862
Casa del Blanco	395
Cataluña	40,415
Cava	150,459
Chacolí de Álava	386
Chacolí de Bizkaia	1,640
Chacolí de Getaria	2,267
Cigales	2,375
Conca de Barberá	447
Condado de Huelva	10,178
Costers del Segre	4,092
Dehesa del Carrizal	141
Dominio de Valdepusa	172
El Hierro	54
El Terrerazo	48
Empordà	3,892

原産地呼称保護ワイン生産地〔DOPs〕	生産量〔kl〕
Finca Élez	113
Gran Canaria	228
Granada	367
Guijoso	164
Islas Canarias	40
Jerez-Xérès-Sherry	25,815
Jumilla	26,022
La Gomera	25
La Mancha	38,973
La Palma	399
Lanzarote	1,121
Lebrija	388
Los Balagueses	6
Málaga	1,175
Manchuela	3,184
Manzanilla S,B,	25,815
Méntrida	1,557
Mondéjar	195
Monterrei	1,204
Montilla Moriles	14,011
Montsant	1,734
Navarra	39,260
Pago de Arínzano	279
Pago de Otazu	288
Pago Florentino	50
Penedès	13,317
Pla de Bages	657
Pla i Llevant	1,110
Prado de Irache	1
Priorat	953
Rias Baixas	16,794
Ribeira Sacra	3,121
Ribeiro	7,822
Ribera del Duero	59,055
Ribera del Guadiana	5,430
Ribera del Júcar	590

215 原産地呼称保護ワイン産地ごとの生産量

原産地呼称保護ワイン生産地〔DOPs〕	生産量〔kl〕
Rioja	245,024
Rueda	46,313
Sierra de Salamanca	65
Sierras de Málaga	761
Somontano	10,326
Tacoronte-Acentejo	752
Tarragona	2,260
Terra Alta	8,474
Tierra de León	1,614
Tierra del Vino de Zamora	52
Toro	9,295
Uclés	2,871
Utiel-Requena	24,881
Valdeorras	3,692
Valdepeñas	52,356
Valencia	54,972
Valle de Güímar	256
Valle de la Orotava	336
Valles de Benavente	158
Valtiendas	不明
Vinos de Madrid	2,519
Ycoden-Daute-Isora	300
Yecla	6,102
TOTAL	**1,077,636**

出典：DATOS DE LAS DENOMINACIONES DE ORIGEN PROTEGIDAS DE VINOS (DOPs) CAMPAÑA 2012/2013 スペイン農林食料環境省 ※ヘクトリットルをキロリットルに変更。

参考文献

『スペインワイン産業の地域資源論』
竹中克行・齊藤由香著／ナカニシヤ出版／2010年
『ときめきスペイン・ワイン』
ミゲル・トーレス著／山岡直子・内藤尚子訳／TBSブリタニカ／1992年
『スペイン・ワインの愉しみ』
鈴木孝壽著／新評論／2004年
『シェリー…高貴なワイン』
マヌエル・M・ゴンザレス・ゴードン著／大塚謙一監訳／鎌倉書房／1992年
『シェリー酒――知られざるスペイン・ワイン』
中瀬航也著／PHPエル新書／2003年
『シェリー、ポート、マデイラの本』
明比淑子著／小学館／2003年
『スペイン リオハ&北西部』
ヘスス・バルキン／ルイス・グティエレス／ビクトール・デ・ラ・セルナ著／大狩洋監修／大田直子訳／ガイアブックス／2012年
『スペイン史』
ピエール・ヴィラール著／藤田一成訳／白水社文庫クセジュ／2005年（8刷）
『物語 スペインの歴史――海洋帝国の黄金時代』
岩根圀和著／中公新書／2007年（6版）
『概説スペイン史』
立石博高・若松隆編／有斐閣選書／2000年（10版）
『現代スペイン読本』
川成洋・坂東省次編／丸善出版／2010年（2版）
『現代スペインの経済社会』
楠貞義著／勁草書房／2011年
『スペインの光と影』
馬杉宗夫著／日本経済新聞社／1992年
『現代スペイン・情報ハンドブック』
坂東省次・戸門一衛・碇順治編／三修社／2007年（改訂版）
『現代スペインの歴史』
碇順治著／彩流社／2005年
『スペイン学を学ぶ人のために』
牛島信明・川成洋・坂東省次編／世界思想社／1999年
『スペイン現代史――模索と挑戦の120年』
楠貞義・ラモン・タマメス・戸門一衛・深澤安博著／大修館書店／1999年
『世界のワイン図鑑 第7版』
ヒュー・ジョンソン、ジャンシス・ロビンソン著／山本博監修／ガイアブックス／2014年
『日本ソムリエ協会教本 2015』
社団法人日本ソムリエ協会
『スペインワイン（改訂版）』
スペイン大使館経済商務部

協　力
スペイン大使館経済商務部
スペイン貿易投資庁（ICEX）

スペインワインの最新情報、輸入業者については
http://www.jp.winesfromspain.com/
をご参照下さい。

スペインワイン協会
Associación del Vino Español en Japón
会長 山本 博
事務局長 竹中 教明
事務局 〒156-0045 東京都世田谷区桜上水 4-12-6-401
TEL：03-6383-2415　Email：info@ave-japan.com
URL：http://www.ave-japan.com/index.html

スペイン・ワイン

二〇一五年七月 十 日 印刷
二〇一五年七月十五日 発行

著 者 大滝《おおたき》恭子《たかこ》
永峰《ながみね》好美《よしみ》
山本《やまもと》博《ひろし》

発行者 早川 浩
発行所 株式会社 早川書房
郵便番号 一〇一 - 〇〇四六
東京都千代田区神田多町二ノ二
電話 〇三・三二五二・三一一一（大代表）
振替 〇〇一六〇・三・四七七九九
http://www.hayakawa-online.co.jp
定価はカバーに表示してあります

Printed and bound in Japan

印刷・株式会社精興社 製本・大口製本印刷株式会社

ISBN978-4-15-209543-5 C0077